U0182951

茶文化与茶健康

——品茗通识

浙江大学通识核心课程配套教材

高等院校通识课教材

主编◎王岳飞 周继红 徐 平

浙江大学出版社

ZHEJIANG UNIVERSITY PRESS

《茶文化与茶健康——品茗通识》
编委会名单

主　编　王岳飞（浙江大学）

　　　　周继红（浙江大学）

　　　　徐　平（浙江大学）

副主编　刘　燕（江西环境工程职业学院）

　　　　刘长青（聊城职业技术学院）

编　委　（按姓氏笔画排序）

　　　　王　欢（南昌航空大学）

　　　　何闻达（杭州富春湾新城管理委员会）

　　　　张　芸（湖北经济学院）

　　　　张　靓（联合利华（中国）投资有限公司）

　　　　张　霞（长江大学）

　　　　张雨曦（浙江大学）

　　　　张姝萍（浙江大学）

　　　　陈　琳（浙江蓝城佳园建筑科技有限公司）

　　　　赵悦伶（浙江大学）

　　　　黄虔菲（杭州医学院）

　　　　魏　然（浙江农林大学）

序

"江南忆，最忆是杭州。"西湖揽胜，一杯春茗，不知醉倒了多少风流。茶为雅中闲，古往今来皆如此。杭州，不仅是人文风物历史上的重镇，更是浙江茶产业的标杆。国潮之风渐胜，文人雅事之举更兴。喝一杯道地的西湖龙井，想必今之爱茶人多艳羡旧时文人，可携三五好友，如李叔同呼朋引伴，作西湖夜游，"入湖上某亭，命治茗具。又有菱芰，陈粲盈几。短童侍坐，狂客披襟，申眉高谈，乐说旧事"。茶之世界，若恒河之沙，一叶承载，浩瀚深沉。若有引路之师，方可解绿、白、黄、青、红、黑的色香味形。如有中正之道，亦可参酸、甜、苦、涩、甘的要旨奥秘。今之爱茶人比旧时文人幸福的莫过于有更多选择。星河长夜，追求的不只有真理和智慧，还有人文和艺术的文明之光。而，茶正好兼具真理智慧和人文艺术的光芒。

余之眷恋深爱杭城，自2014年起每年必造访。虽治学多侧重先秦历史文献的研究，然爱茶之心、惜茶之情本是天成。以茶学文献研究为媒，得王岳飞师等浙派茶学专家提点，助益余深入学研。

庚子仲夏，接王岳飞师来信，告知浙江大学通识课程"茶文化与茶健康"的配套教材即将出版。快哉！引路之师，中正之道，不远矣。承蒙岳飞师不弃，深感才学疏漏，天资愚钝，却可先一睹书稿，探究其中底蕴滋味。而师要求不才执笔赋文，作序导览，真不弃草昧，不究名位，实则有愧。当以导览为任，抛砖引玉。

浙江大学茶学系是中国茶学研究的前沿阵地，王岳飞师及本书的编纂团队深受浙大茶学研究传统的影响，"求是"精神一直引领着浙大茶学人，他们奋斗在中国茶学研究的第一线，而本书是这种务实、求真的科学考据的成果，更是他们自1952年以来长年累月对茶文化和保健机制的深入研究成果。茶的成分与利用一直是茶学研究的核心。栽培、制茶技艺发展迅急，个中产品推陈出新，但什么是茶文化，什么是真正的好茶，怎样才能既风雅又健康地品茗茶汤呢？如何微观识茶，什么是茶的特征性成分，如今的深加工链是什么？为什么茶能促健康，有什么保健机制，有哪些茶保健品？这些问题是需要追本溯源的，也是许多今之爱茶人希望了解的。

书中所涉内容博广，既溯源问本，探究茶之起源、变迁、萌芽过程，又从人类学和社会学的研究视角，进行茶礼、茶馆文化、茶俗变迁的描摹；同时佐以文学与艺术的修养层面进行研讨，包括茶诗文、茶书画、茶歌舞等众多艺术形式的刻画；继而落到实处，用一方茶席将历史、人文和艺术融为整体，此之谓"以小见大"。所谓"文章是案头之山水，山水是地上之文章"，茶席亦如此，甚至可以说茶席是眼中世界，世界是眼外之茶席。所以器皿、布席、技艺当是必须明了的。前四章是此书灵魂，首先为列位读者指引开经。而第五章"茶的交流与传播"正是为今之爱茶人答疑解惑，"一带一路"中所能见的"茶"之身影从哪里来的，这得从"茶路溯源"聊起。为什么五湖四海都有那么多爱茶人？也许这正是"茶和天下"的魅力。各地不同肤色、不同语言、不同生活方式的人们有着类似或迥异的茶俗，这可能还是和风土人文密切相关。这些问题其实不仅仅是茶学，还是人类学、历史人类学、社会学界共同关注的焦点。

从文化认知到科学认知，这个过程一定是需要经过理性批判和规范训练的。中国茶区的分布、产业发展现状和茶的分类与加工拓宽了爱茶人的眼界。六大茶类的加工工艺从明清时期的雏形发展到如今的成熟、稳定，不断更新、迭代。在了解了这种分类和加工后，茶叶的品质审评操作以及选购与贮藏要求也成为今之爱茶人的必修课。

王岳飞师及其课程教学、教材编写团队，所费心力，其实在正本清源，有中正之气，传科学之法。这种探索方式能够让我们重新审视千百年来的茶人文风俗。通过阅读本书，可以让我们明白什么是"日日是好日"，从而珍惜手心这一瓯茶汤，懂得看茶饮茶、看人饮茶、看时饮茶罢。

夏虞南

庚子年中秋于清华园

前 言

　　茶为举国之饮，以此为基础的茶文化、茶艺术是中华传统仪德风貌的集中体现。茶文化、茶科技是现代人健康品质生活的重要载体。如今，"一片叶子富一方百姓"的重要性越来越成为社会各界的共识。

　　中国茶文化融合了人文艺术、自然科学，除人文特性外，还必须突出茶叶的保健功效。从宏观上看，还要强调茶的精神形象和社会功能。茶的种植和饮用，经历了漫长的发展过程，它最终成为我国精神文明和物质文明的重要象征性符号，承载着中国文化向世界传播的使命；茶健康方面，从神农尝百草的"药""茶"同源，到现代科学研究表明的杀菌消炎抗病毒、防治心血管系统疾病、清除自由基、美容护肤、降脂减肥、抗肿瘤、抗辐射等作用，从科学而富有逻辑的思维层面，茶被证明是极具保健价值的饮品。

　　中国之茶，世界桂冠。茶叶是中国的传统饮品。如今，全球有64个国家种植茶树。茶叶已成为国际性饮品，有160多个国家的居民以茶作为饮料之一。中国作为世界第一大茶叶生产国对世界茶产业产生了巨大的影响。我国茶园面积世界第一，茶叶产量世界第一，茶叶消费总量世界第一，茶叶出口量世界第二。从全球视角看，中国茶正跟随着全球化的脚步风靡世界；从国内发展看，茶产业正迎来快速发展的黄金时代。

　　本书立足于传统中华茶文化和现代茶科学研究成果，以阐释茶的文化内涵和健康价值。全书分为十章，内容涵盖了茶的起源与发展、茶的文化与民俗、茶的文学与艺术、茶的布席与茶艺、茶的交流与传播、茶的成分与利用、茶的保健与机制、茶的分类与加工、茶的审评与鉴定、茶的品饮与禁忌等方面，以期对茶文化的全面了解和对茶科学、茶叶保健功能的深入理解。

　　千百年来，茶叶不仅是"柴米油盐酱醋茶"中所描绘的生活必需品，更是"琴棋书画诗酒茶"中所延伸出的精神瑰宝。了解这一流淌在中华民族血液中的文化符号，有助于提高国民健康素质，推动实现人民幸福与社会和谐。我们欣喜地看到，越来越多的人开始关注茶文化，以茶文化修身和以茶产品养生。在欣喜的同时，也希望有更多的爱茶人能够了解茶、认识茶，用一杯清茶的芬芳陪伴每一寸美好的时光！

主　编

目录

第一章 茶的起源与发展

第一节　茶之起源

"茶者，南方之嘉木也"，是历代中国人民勤劳智慧的结晶。如今，茶不仅是中国的"国饮"，更是世界三大无酒精饮料（茶叶、咖啡、可可）之首，广受世界各国人民的喜爱。

探究茶的起源，可以从以下两方面考虑：茶的植物学起源，即茶树作为一种植物，它何时在地球上出现，以及分布在世界上哪些地区；茶的社会性起源，即茶作为一种可饮用的植物，是何时被人类发现并利用的。

一、茶的起源地

关于茶的起源，曾经历了相当漫长的争论和论证。很长时间里，人们认为茶起源于印度，因为从 1933 年到 2005 年的 70 多年时间里，印度是世界上产茶量最高的国家，同时，西方人在印度发现了许多野生大茶树，所以他们推断印度很有可能是茶的原产地。直到 20 世纪 80 年代后期，越来越多的证据表明，中国才是茶的原产地，这一观点也得到了世界公认。

现在，我们认为中国西南地区的云贵高原是茶树起源中心，中国是世界上最早发现并利用茶叶、最早人工栽培茶树、最早加工茶叶和茶类最为丰富的国家，是茶文化的发源地。其理由主要基于以下几点：

（1）全世界共有24属380种山茶科作物，其中有16属260多种分布在我国西南部山区。中国西南部山区是世界上山茶科植物的分布中心。

（2）早在1200多年前，我国西南部山区就有野生茶树的相关记载。如今，全国有10个省份约200多个地方相继发现野生大茶树，其中70%分布在云南、四川和贵州。云南千家寨古茶树王如图1.1所示。中国西南部山区的野生茶树种类之多、数量之大、面积之广，是世界上罕见的，而这恰恰是原产地植物最显著的植物地理学特征。

（3）中国西南部山区的茶树类型丰富多样，有灌木型、小乔木型、大乔木型等；茶树叶子也有大有小，各种类型都有。因此它的种质资源是世界上最丰富的。

（4）中国是利用茶最早、茶文化最为丰富的国家。东晋常璩撰写的《华阳国志·巴志》中有"周武王伐纣，实得巴蜀之师……茶蜜……皆纳贡之"，表明武王伐纣时，巴国人就已经把茶叶作为贡品进献了；西汉王褒撰写的《僮约》记载"烹茶尽具""武阳买茶"，经考证，"荼"即我们现在常说的茶；此外，还有六朝孙皓的"以茶代酒"、南北朝时期的"王肃茗饮"等有名的饮茶典故。

（5）茶树最早的植物学名是瑞典植物学家林奈定义的：Chea Sinensis，即"中国茶树"。而英语中的 tea，其实就是"茶"的闽南语发音。法语中的 thé，德语中的 thee 或 tee，西班牙语中的 cha 等都是从中国各地方言中"茶"音演变而来的。

（6）茶叶生化成分特征也证实了茶起源于中国西南部。以儿茶素为例，儿茶素作为茶树新陈代谢的主要特征成分之一，可分为简单儿茶素（非酯型儿茶素）和复杂儿茶素（酯型儿茶素），从进化角度来看，后者是在前者的基础上演化而来的。生化分析结果表明，我国西南部野生大茶树的简单儿茶素比例比其他地区都高，更接近原始茶树。

以上六个方面的事实都证明：茶树起源于中国，中国是茶的故乡！

图1.1　云南千家寨古茶树王

二、茶的起源时间

关于茶树在地球上的存在时间众说纷纭，莫衷一是，有说 100 万年，也有说 300 万年，甚至有的记载是 7000 万年到 6000 万年。不过，在贵州发现了距今 100 万年以上的茶籽化石（图 1.2），不难推断，茶的起源时间起码在 100 万年以上。

图1.2　有百万年历史的茶籽化石

此外，发现和利用茶树的时间也很重要。普遍认为，人们发现和利用茶始于原始母系氏族社会，迄今已有 6000 ～ 5000 年。而在没有记载的上古时期，我们的祖先可能也已经发现和利用茶了。浙江大学庄晚芳教授认为人类发现和利用茶可能超过 1 万年，与人类的文明史是同步的。

三、茶的发现者

关于谁最早发现并利用茶，素来有许多传说，其中有两个最为经典。《神农本草经》中记载："神农尝百草，日遇七十二毒，得茶而解之。"传说神农一生下来就是个"水晶肚"，几乎是全透明的，五脏六腑和吃进去的东西都能看得见（图 1.3），一旦吃到有毒的食物，肠子就会变黑。那时候人们经常因乱吃东西而生病，甚至丧命。为此，神农氏跋山涉水，尝遍百草，找寻治病解毒良药，以救夭伤之命（图 1.4）。有一天他吃了 72 种有毒的植物，肠子变黑了，后来又吃了另一种叶子，竟然把肠胃

图1.3　神农像

里其他的毒都解了。神农就把这叶子叫作"查"（音同我们现在所说的"茶"）（图 1.5）。可见，茶最早是作为药用引入的，具有很强的解毒功效。

还有一个比较著名的传说，是《大英百科全书》里记载的"达摩禅定"的故事。

图1.4 神农尝百草

图1.5 神农尝茶

图1.6 达摩面壁图

传说六朝时期达摩自印度出使中国，立下九年面壁禅定的誓言（图1.6），前三年达摩如愿以偿，但终因体力不支而陷入熟睡，醒来后达摩怒极割睑，不料被割下的眼皮竟生出小树，枝叶繁茂，将树叶置于热水中浸泡，可饮，且消睡，最终达摩兑现了九年禅定的誓言。这个传说说明茶具有提神的功效，非常符合茶的药用

价值。

在茶树栽培方面，吴理真被很多人认为是中国乃至世界有明确文字记载最早的种茶人，人称蒙顶山茶祖、茶道大师、甘露大师。吴理真，西汉严道（今四川省雅安市名山区）人，号甘露道人，家住蒙顶山之麓，道家学派人物，先后主持蒙顶山各观院。

总的来说，"茶之为饮，发乎神农氏，闻于鲁周公"，兴于唐，盛于宋，元、明、清百花齐放，繁极一时，发展至今被推为国饮。中国茶类之多、饮茶之盛、茶艺之精妙，堪称世界之最。

第二节　历代变迁

茶叶被认识和利用的过程，主要分为四个阶段：第一个阶段作为药用，第二个阶段作为菜食，第三个阶段用于汤煮，第四个阶段才是现在流行的冲泡品饮。不过现在国内很多城市的茶客喜欢返璞归真，体验古时的茶叶使用方法，感受这四个阶段不同的韵味。

一、先秦时期

（一）传说时代

陆羽在《茶经》中写道："茶之为饮，发乎神农氏。""神农尝百草"的传说也广为人知，可见茶最早被人利用是作为解毒的良药。远古时代，人们吃茶的方式是直接咀嚼茶鲜叶，后来发展为生火做成羹饮或是将茶做成菜来食用。

（二）春秋时期

在药用的基础上，人们逐渐将茶当作菜食以及祭品，茶渐渐变成了药食两用的植物。主要加工方式是将茶鲜叶在阳光下暴晒，再进行烧烤、蒸、炒以干燥之。通过这种方式，茶叶可以长期贮存。

二、秦汉时期

西汉时期，四川三大著名文学家司马相如、扬雄、王褒都十分喜爱喝茶，是众多文人中饮茶的代表人物，茶叶逐渐成为文人墨客日常生活品饮、展现审美情趣、寄托才思情怀的重要意象。此时的饮茶方式主要还是直接将茶鲜叶生煮羹饮。

三、三国两晋南北朝时期

晒青、烘青为三国两晋南北朝时期茶叶的主要加工方式。曹魏张揖所撰《广雅》中讲到了茶饼的做法以及冲泡茗饮时"用葱、姜、橘子芼之"，说明当时人们仍然将茶做成一种羹汤饮用，其加工方式是将散装茶叶与米膏混合制成茶饼，再晒干或者烘干。

四、隋唐时期

隋朝的统一带来了社会经济的发展，也促进了茶产业的发展。唐朝加工茶叶的方式是将茶叶采摘下来进行蒸制，做成饼状并穿孔，再焙火干燥，最后碾磨成粉。品饮方式主要为"庵茶"，指的是将磨好的茶粉末置于瓷器中，用沸水冲泡，还可佐以姜、葱、枣等进行调味；或是将茶粉倒入"第二煮沸水"中，将煮好的茶汤分至碗中，趁热饮之。

五、宋朝

到了宋朝，做工精细、附有龙凤纹饰的饼团茶——龙团凤饼——成为风靡一时的贡茶。建州（今福建建瓯）北苑御茶园制作的龙团凤饼开创了"龙凤盛世"，达到"金可得而茶不可得"的至尊地位，所遗留下的"建茶"直至清朝末期都为贡茶，延续近千年。《大观茶论》中称，"本朝之兴、岁修建溪之贡，龙团凤饼，名冠天下"。图 1.7 是龙团凤饼图。

图1.7　龙团凤饼图（小龙、小凤、大龙、大凤）

宋朝茶叶加工方式是将鲜叶浸泡在水中，挑选出匀整的芽叶进行蒸青，之后以冷水清洗，用布包好放入小榨榨去水，小榨过后，放入大榨去茶汁，直到茶汁榨尽为止。将压榨过的茶放入用陶瓷制成的研(盆)内加水研磨成粉末状,越细越好。之后放入模子中，压制成形，最后烘干。品饮方法是先将团茶磨成粉末，冲入沸水，搅拌均匀，再注入更多的沸水，用茶筅反复击打至黏稠起泡沫状态时即饮。

六、元明清时期

（一）元

到了元朝，蒙古贵族主要饮用的仍是饼茶，但民间渐渐开始主饮散茶。随着散茶的流行与普及，元代的茶叶加工也出现了变化，蒸青技术越来越简单，炒青技术也逐渐发展起来。元朝茶叶的饮用，主要还是沿用了前人的煎煮法，但是直接以焙干的茶叶进行煎煮，不加或者少加香料、调料。这些都为明清时期的茶文化奠定了基础，起到了承上启下的过渡作用。

（二）明

到了明朝初期，饮用散茶的风气更加兴盛。为了减轻农民的负担，削弱奢靡之风，明朝开国皇帝朱元璋诏令"罢造龙团，唯采芽茶以进"，废除了宋朝的龙团凤饼，改为以散茶进贡，茶风也为之一变。加工技术从原来的蒸青逐渐发展为炒青、烘青，其中炒青进入了发展的兴盛时期，经高温杀青、揉捻、复炒，最后烘焙至干。饮茶方式也从煎煮法改为撮泡法，即直接用沸水冲泡茶叶，以保留茶叶自然之味，这与如今人们的饮茶方法较为一致。

（三）清

清朝茶文化主要是沿袭和传承了前代的茶文化。曹雪芹的《红楼梦》中对茶的描写无处不在，有茶名、茶具、茶俗、茶礼、用水、茶食及茶诗等，可谓是满纸茶香，堪称典范（图1.8）。茶的品饮到清朝已不像以前那么工序烦琐、要求严格了，但在选水、火候等方面还是很注重的。同时，窨制花茶颇为流行，这种起源于元朝的茶类，在明清时期得到了充分的发展。

图1.8 《红楼梦》剧照

第三节 产业萌芽

　　秦朝统一中国，大大促进了文化、经济的交流与发展，茶叶生产技术从四川传播到当时的政治经济文化中心陕西。最早关于茶叶交易的记载来自西汉王褒的《僮约》，里面提到的"烹茶尽具""武阳买茶"等事件，说明当时的茶已经作为一种商品在集市上进行买卖了。南齐世祖武帝在遗诏中提到不要用牲畜作祭祀品，只需摆设简单的饼果、茶饮、干饭及酒脯。由此可见，茶在当时还被用作祭祀用品。

　　隋朝的统一带来了社会经济的发展，也促进了茶叶的发展。到唐朝，茶叶消费持续增加，种植面积不断扩大，饮茶作为"比屋之饮"，成为家家户户的日常习惯。同时，茶从中原传播到边疆少数民族地区，并远至日本、韩国。陆羽《茶经》的问世更说明了茶的兴盛，书中讲到茶的起源、制作、与茶相关的器皿、煮茶方法及饮用方法等（图1.9），还总结了与茶相关的古文……"滂时浸俗，胜于国朝"正是形容了当时流行的饮茶景象。

　　我国茶叶征税始于唐德宗建中元年（780），茶叶税成为政府重要的财政收入来源。唐文宗大和年间（827—835），江西饶州浮梁是全国最大的茶叶市场，《元和郡县志》卷二八《饶州浮梁县》中有记载："每岁出茶七百万驮，税十五余万贯。"

图1.9　陆羽烹茶图

开成年间（836—840），朝廷每年收入矿冶税不过7万贯，抵不上一个县的茶税。同样始于唐朝的还有贡茶制度。唐时贡茶，以早为贵，以顾渚紫笋（产于浙江省湖州市长兴县水口乡顾渚山一带）最好，名声最大，每年进贡量达18400斤。朝廷还设立了"贡茶院"，专门管理湖州、宜兴的顾渚紫笋的生产进贡。

茶文化自宋朝深入基层，根植于广大民众之间。在唐朝煮茶方式的基础上，茶百戏（图1.10）等技艺性游戏和竞赛在宋朝逐渐形成并广泛流行，宋朝很多词人描写过斗茶的场面，刘松年的《斗茶图》（图1.11）、《茗园赌市图》等画作也反映了当时茗战的场景，上流社会对茶的喜爱成为新风尚。宋徽宗赵佶的《大观茶论》对北宋时期蒸青团茶的产地、采制、烹试、品质、斗茶风尚等均有详细记述。宋朝的贡茶制度比唐朝还要严格，不仅要求时间早、数量多，还要求茶叶的品质高，且花样、名目繁多，形式创新。宋朝茶业的兴盛还表现在茶馆业的兴旺上，"茶坊""茶肆""茶楼"都是宋人对茶馆的叫法。《清明上河图》中就描绘了宋朝茶馆随处可见的繁盛场景。北宋初，逐步推出茶叶官买官卖以及边销茶的茶马互市基本国策，实施榷茶制度之后，税利全部纳入政府囊中。宋朝的茶法多次变更，推行过三税法、四税法、贴射法、见钱法，但始终没有改变国家专卖的制度。

元朝的贡茶主要还是沿袭之前的制度，但开始重视武夷的茶，在武夷的四曲溪建设了"御

图1.10 茶百戏

图1.11 刘松年《斗茶图》

茶园"，后来又逐渐转移至顾渚，恢复了湖州的贡茶园。

明朝废除了饼茶进贡，改贡芽茶，且散茶流行起来。清饮法使饮茶方法更加方便简捷。为了减轻农民负担，进贡茶的数量逐渐减少，但之后又重新增加。

到了清朝，贡茶的产地进一步扩大，甚至有些贡茶的茶名是皇帝钦定的，如康熙皇帝赐名的碧螺春，必须每年采制进贡，又如乾隆皇帝指定的杭州西湖龙井村的十八棵御茶树所产之茶，也须年年进贡。清朝时的中国茶业经历了几番大起大落。在清朝初期，由于商品经济的发展，国外市场逐渐打开，茶叶的消费量也跟着有所上升。在鸦片战争以前，茶叶的产量、消费量显著增加；茶馆文化更是达到了鼎盛时期，城乡大街小巷遍布茶馆，为茶文化的传承奠定了基础。鸦片战争之后，受资本主义列强掠夺的影响，在百业不兴、政府软弱的清朝晚期，茶叶产量虽有过一定的增长，但是种种的积弊日益显露，从1888年开始，中国的茶叶出口持续下跌，茶业进入了衰退时期。

如今，在一代代茶人的努力下，古老的中国茶文化再次焕发勃勃生机，茶叶科学知识普及传播，茶叶消费贸易蓬勃发展，中国茶产业进入了快速发展的黄金时期。

思考题

1.有哪些事实证明了中国为茶叶的起源地？

2.在茶叶的发现、发展、兴起中，有哪些人起到了关键性的作用？

3.从古至今茶叶加工技术经历了哪些变化？

4.从先秦到明清时期，饮茶习惯经历了哪些变化？

5.简述各个朝代茶叶生产、消费、进贡的特点。

参考文献

[1] 侯力丹，刘习宁. 初探先秦时期的古代茶文化 [J]. 福建茶叶，2016，38(8): 371-372.

[2] 王金水，陶德臣. 汉魏南北朝时期茶文化探析 [J]. 农业考古，2004(4): 38-42.

[3] 李飞，邓薇，赵佩蓓. 浅论清朝茶文化特征 [J]. 中外企业家，2012(06X): 162-164.

[4] 陈伟明. 元代茶文化述略 [J]. 农业考古，1996(4): 29-31.

[5] 周文劲. 中国饮茶方式的历史演进 [J]. 茶叶，2012，38(1): 59-62.

[6] 何崚. 秦至唐广东茶史初探 [J]. 农业考古, 2012(2): 218-223.

[7] 刘勤晋. 茶文化学 [M]. 3 版. 北京: 中国农业出版社, 2014.

[8] 王岳飞, 周继红. 第一次品绿茶就上手 [M]. 北京: 旅游教育出版社, 2016.

【在线微课】

1-1　源自中国的茶树之本

1-2　发乎神农的中国茶饮

1-3　茶之为饮的发展变迁

第一章

茶的文化与民俗

第一节　茶俗茶礼

　　茶俗，是我国民间风俗的一种，是中华民族传统文化的积淀。自古以来，我国各民族中有着"以茶为媒"的风俗习惯。

　　茶礼，既可指以茶待客的礼仪，也可指聘礼的一种。在传统民俗的各种仪式中，如传统婚礼中"奉茶""交杯茶"等仪式，以及女子以茶受聘的聘礼，均称为"茶礼"。

　　我国是一个文明古国、礼仪之邦，无论贫富，大凡家有客至，以茶待客的礼仪是必不可少的。

一、茶与茶礼

　　《论语》曰："不学礼，无以立。"对内而言，表示对亲朋好友、左邻右舍之间的亲和礼让；对外而言，则表明中华民族和平、友好、亲善、谦虚的传统美德。

（一）待客茶礼

　　"以茶待客"是我国的普遍习俗，也形成了相应的饮茶礼仪。有客来，双手奉上一杯芳香的茶，是对客人的极大尊重。各地敬茶的方式和习惯大有不同。

1. 历史性

有文献记载，两晋、南北朝时期，江南一带"客坐设茶"成为普遍的待客礼仪。

唐朝，刘禹锡《秋日过鸿举法师寺院，便送归江陵》吟"客至茶烟起，禽归讲席收"；白居易《曲生访宿》称"林家何所有，茶果迎来客"；李咸用《访友人不遇》记"短僮应捧杖，稚女学擎茶"；杜荀鹤《山居寄同志》说"垂钓石台依竹垒，待宾茶灶就岩泥"；等等。

宋元间，民间有饮茶附以果料的习俗，有客来，要在最好的茶中加入其他食品，表示各种祝愿与敬意。

2. 区域性

"敬三道茶"。"敬三道茶"在北方大户人家较为普遍。有客来，进入堂屋，主人出室，先尽宾主之礼，然后命仆人或子女献茶。第一道茶，一般来说，只是表明礼节，并不真的非要客人喝。这是因为，主客刚刚接触，洽谈未深，而茶本身精味未发，或略品一口，或干脆折盏。第二道茶，便要精品细尝。这时，主客谈兴正浓，情谊交流，茶味正好，边啜边谈，茶助谈兴，水通心曲，所以正是以茶交流感情的时刻。待到第三次将水冲下去，再斟上来，客人便可能表示告辞，主人也起身送客了。因为，礼仪已尽，话也谈得差不多了，茶味也淡了。当然，若是密友促膝畅谈，终日方休，一壶两壶，尽情饮来，自然没那么多讲究。

"献元宝茶"。"献元宝茶"流行于我国江南一带。春节时若有客至，要献元宝茶。将青果剖开，或以金橘代之，形似元宝状，招待客人，意为祝客新春吉祥，招财进宝。

"吃豆子茶"。"吃豆子茶"是湖南常见的待客之道。客人新至，必献茶于前，茶汤中除茶叶外，还泡有炒熟的黄豆、芝麻和生姜片。喝干茶水还必须嚼食豆子、芝麻和茶叶。吃这些东西忌用筷子，多以手拍杯口，利用气流将其吸出，别有一番风味。

"冲爆米花茶"。"冲爆米花茶"流行于湖北阳新一带。乡民平素并不多饮茶，皆以白水解渴，但有客来则必须奉上一小碗现冲的爆米花茶，若加入麦芽糖或金果数枚，敬意尤重。

（二）家庭茶礼

饮茶，不仅是敬客，居家生活也要以茶表示相敬相爱，对长辈敬茶便成为家礼的重要组成部分。中国人重视血缘、家族关系，主张敬老爱幼，长幼有序，向长辈敬茶是敬尊长、明伦序的重要内容。

1. 历史性

明人田汝成《西湖游览志余》卷二十载："立夏之日，人家各烹新茶，配以诸色细果，馈送亲戚比邻，谓之'七家茶'。富室竞侈，果皆雕刻，饰以金箔，而香汤名目，若茉莉、林禽、蔷薇、桂蕊、丁檀、苏杏，盛以哥、汝瓷瓯，仅供一啜而已。"

古时，大户人家的儿女清晨要向父母请早安，常由长子、长女代表儿女们向父母敬一杯新沏的香茶。

2. 区域性

"送七家茶"。"送七家茶"流行于浙江杭州一带。每至立夏之日，家家户户煮新茶，配以各色细果，送亲戚朋友。

"求七家茶"。"求七家茶"主要指江苏一带要用隔年炭烹茶，但茶叶却要从左邻右舍求取。

"敬香茶"。"敬香茶"在南方更普遍。新妇过门，第三天便开始早早起床，向公公、婆婆请安，请安时也首先奉上一杯新沏的香茶。新妇敬茶有三种含义：一是表明孝敬翁姑，不失为妇之道；二是表明早睡早起，今后是一个勤俭持家的能手；三是显示是个巧手好媳妇。

总体来说，我国家庭茶礼提倡尊老爱幼、长幼有序、和敬亲睦、勤俭持家，以清茶淡饭而倡导俭朴的治家之风。

至于现代，以茶待客，以茶会友，以茶表示深情厚谊的精神，不仅深入每家每户，而且上升到机关、团体，乃至国家礼仪。总之，茶是礼敬的表示，友谊的象征，茶礼是中华民族的传统美德。

二、茶与婚俗

茶礼最为广泛应用于民间的，莫过于婚俗。

（一）历史性

1. 唐朝时期

茶与婚礼结缘始于唐朝，至今已有 1300 多年。唐时，饮茶之风甚盛，茶叶成为结婚必不可少的礼品。据史书记载，文成公主入藏时，嫁妆中便有茶叶。这是茶叶用于婚礼的最早记载。之后，茶叶便与金银首饰一起成为女子出嫁时的必备品，并逐渐成为婚俗礼仪的一部分。

2. 宋朝时期

宋朝时期，茶叶由原来女子出嫁时的嫁妆礼品演变为男子向女子求婚的聘礼。求婚时要向女家送茶，称作"敲门"。媒人又称"提茶瓶人"。结婚前一日，女家要先到男家去"挂帐""铺房"等。宋朝著名诗人陆游《老学庵笔记》说："男女未嫁娶时，相互踏歌，歌曰：'小娘子，叶底花，无事出来吃盏茶。'"

3. 元明时期

元朝、明朝时期，"茶礼"几乎成为婚姻的代名词。女子受聘称"吃茶"。姑娘收人家茶礼便是合乎道德的婚姻。

明人许次纾《茶疏》说："茶不移本，植必子生。古人结婚，必以茶为礼，取其不移植之意也。今人犹名其礼为下茶，亦曰吃茶。"因茶树移植则不生，种树必下籽，所以在古代婚俗中，茶便成为坚贞不移和婚后多子多福的象征。

元曲《包待制智赚生金阁》载："我大茶小礼，三媒六证，亲自娶了个夫人。"

明朝汤显祖的《牡丹亭》中亦有："我女已亡故三年，不说到纳彩下茶，便是指腹裁襟，一些没有。"

4. 清朝时期

清朝时期仍保留茶礼的观念，另有"好女不吃两家茶"之说。

清朝孔尚任《桃花扇·媚座》亦云："花花彩轿门前挤，不少欠分毫茶礼。"

《红楼梦》中亦载，凤姐对黛玉说："你吃了我家的茶，为什么不给我家做媳妇？"

5. 民国时期

洪深《香稻米》第一幕："今年这个冬，要寻一个可以端茶礼、结婚姻的好日子，竟是这样难！"

（二）区域性

"三茶礼"。江南婚俗中较为流行"三茶礼"。所谓"三茶礼"有两种解释：一种是从订婚到结婚的三道礼节，即订婚时"下茶礼"，结婚时"定茶礼"，同房时"合茶礼"。另一种解释，则是指结婚礼仪中的三道茶仪式，即第一道白果，第二道莲子、枣儿，第三道才真的是茶。不论哪种形式，皆取情结不移之意。

"三茶六礼"。"三茶六礼"在南方流行较为广泛，从订婚至结婚，常举行下茶、纳采、问名、纳吉、纳征、请期、亲迎等各种仪式。

"开门茶"。"开门茶"为江苏旧时婚俗；先由媒人用泥金全红柬送去女方年庚"八字"，男方则要送茶果金银，其中茶叶要有数十瓶甚至上百瓶。男方对女家"下定"，又称"传红"。迎亲之日，新郎舆马而来，至岳家门口却要等待开门。待进得门来，又要走一重门，作一个揖，直到堂屋，才得见老岳父及左右大宾，然后饮茶三次，才能到岳母房中歇息，等待新娘上轿，此谓"开门茶"。

"茶钱"。"茶钱"在湖南、江西一带较为常见，有"喝茶定终身"之说。青年男女经介绍如愿见面交谈，由媒人约定日期，引男子到女家见面。若女方同意，便会端茶给男子喝。男子认为可以，喝茶后即在杯中放上"茶钱"；若不中意，亦要喝茶表示礼敬，然后将杯倒置桌上。付"茶钱"，两元、四元、百元不定，但一定要双数。喝过茶，这婚姻便有成功的希望了。

"鸡蛋茶"。"鸡蛋茶"流行于湖南滨湖、沅江等地。用"鸡蛋茶"来表示对婚事的意见。无论女方去男家，还是男方去女家，都要请茶、吃鸡蛋。女方去男家，男方如中意，拿出三个以上的蛋，若不中意则只拿两个出来。女方看是三个以上便高高兴兴地吃了，说明双方皆有诚意。男方去女家，女方若看中了，也要请吃茶、吃蛋；看不上，只供清茶，不供鸡蛋。

"盐茶盘"。"盐茶盘"流行于湖南邵阳、郴州等地。旧时经媒人说合，两家同意后，男方向女家"下茶"，除送其他礼物外，必须有"盐茶盘"，即用灯芯染色组成"鸾凤和鸣""喜鹊含梅"等图案，又以茶与盐堆满盘中空隙，此为"正茶"。女家接受，便表示婚姻关系确定，自此不能反悔。

"合枕茶"。湖南各地婚礼中大多有此礼。婚礼仪式后，新娘入洞房，新婚夫妇要喝"合枕茶"，新郎捧茶至前，双手递上一杯清茶，请新娘先喝一口，自己再喝一口，便表示完成了人生大礼。

"合合茶"。闹洞房是我国各地普遍的习俗。湖南各地闹洞房却是以茶做题，别开生面。至时，让新人同坐一凳，相互将左腿置对方右腿上，新郎以左手搭新娘之肩，新娘则以右手搭新郎之肩。空下的两只手，以拇指与食指共同合为正方形，由他人取茶杯放置其中，斟满茶，请闹洞房的人们品尝。

"亲家婆茶"。"亲家婆茶"流行于浙江湖州一带，与湘赣婚俗茶礼有许多相似之处，女孩子出嫁三天要回娘家，叫作"回门"。而有些地方却是在第三天由父母去看女儿，称为"望招"，父母要带上半斤左右的烘豆、陈皮、芝麻和谷雨前茶，前往亲家家中去冲泡。两家亲家翁、亲家婆，边饮边谈，称为"亲家婆茶"。

"茶浴开石"。生儿育女是婚姻的继续，也离不开茶。浙江湖州地区，孩儿满月要剃头，需用茶汤来洗，称为"茶浴开石"，意为长命富贵，早开智慧。

总之，茶是纯洁的象征，象征爱情的纯贞；茶是吉祥的象征，用茶祝福新人未来生活美满；茶是亲密、友爱的象征。我国人民用茶礼表达夫妻礼敬、儿女尊长、居家和睦、亲家情谊、多子多福等多种美好的祝愿。

（三）民族性

边疆少数民族中的茶则更多了些纯贞、美好、活泼的内容与精神。西南少数民族中，茶不是"媒证"，而是"媒介"。云、贵、川、湘的少数民族，把茶引入婚俗是相当普遍的，尤其在云南，青年男女从恋爱到结婚，总是离不开茶。

1. 云南大理的白族

生活在苍山下洱海边的白族人，婚俗中渗透的"茶精神"尤为突出。白族婚礼中，也有"闹房"习俗，参加"闹房"的大都是新郎的同辈或晚辈年轻人。对参加"闹房"的人，新郎、新娘要敬三道茶。

2. 云南勐海的哈尼族

勐海县茶树王已闻名海内外，当地有种风俗，新娘要爬上大茶树采茶，爬得越高，采得越多就越吉利。据新郎介绍说，新娘采茶树王的茶叶，是托茶树王的福，夫妇间的感情会像茶树王那样长久，生命像茶树王那样旺盛，还会保佑子孙后代像茶树王的叶子一样繁多。

3. 澜沧江畔的拉祜族

拉祜族的婚俗很有趣，青年男女必须先经过探察、对歌、抢包头、幽会、定情等一系列有趣的恋爱过程才能结婚。心心相印的青年男女私订终身后，才告知父母。男方请媒人去女家求婚，媒人带去一对蜡烛、烟、茶等物，别的礼物可以不带，茶却是必须带的。婚礼中，拜堂以后新郎、新娘还要去抬水，敬献父母、媒人，有茶有水才算美好婚姻。

4. 广西西北部的毛南族

毛南族的结婚仪式中茶也占有重要地位。迎亲日，男方迎亲人在女家吃过午饭，正午时娘家人开始"叠被"。新娘的母亲端来个大铜盆，盛满了红蛋、糯米、谷穗、蜜橘、瓜子、铜钱等物，但必须有茶。姑嫂、婶娘们把被子叠成方形，放到一个叫作"岗"的木架上，两头一边放铜盆，一边放锡茶壶。四周挂满由新娘亲手做的布鞋。毛南族盛行"兄终弟继""弟终兄继"的"转房婚"，这种换婚仪式称为"换茶"。

5. 云南的阿昌族

在阿昌族，媒人说亲要带茶、烟草、糖各两包。婚后第三天，女家才来送嫁妆和"大饭盒"。这时，男家先敬酒一杯，说："请骑大白马！"然后再敬茶一杯，说："请骑大红马回去！"

6. 四川的羌族

阿坝地区的羌族茶礼运用极有趣味性。"吃茶"要随迎亲队伍一路而行。迎亲日，每过一村寨先放礼炮三声，寨中人便会出来看热闹，送亲、迎亲队伍也要暂停。男女双方亲戚，事先都有所准备，拿出用玉米、青稞、麦子、黄豆制成的糖和茶水来招待送亲、迎亲的人。茶饮罢、糖吃过，方能继续前进。村村吃一遍茶，寨寨吃一遍茶，即便走上八个、十个村庄，停队吃茶村村不能少。沿途茶吃够了，对新人的祝福，双方的友情，都从一路吃茶中得到充分体现，新娘才能娶到家。

7. 青海的撒拉族

撒拉族人订婚时，男方要择吉日请媒人向女方送"订婚茶"。一般为耳坠一对，茯茶一封，这叫"系定"。

8. 甘肃的保安族

积石山下的保安族人订婚，是由男方的父亲、叔伯或舅舅偕同媒人亲送茯茶两封、耳环一对、衣服几件去"系定"。

9. 甘肃的裕固族

裕固族人把茶看得更重。旧时一块茯茶要用两只羊才换得来，娶一个妻子，男方一般要送女方一马、一牛、十几只羊、二十块布、两块茯茶。

10. 西北地区的回族

回民提亲，称为"说茶"。男家父母看未来儿媳，女家也要"相女婿"，如果相中了，媒人到女家回话时，首先要带来茯茶，女方同意便收下。正式订婚，称为"订茶""吃喜茶"。女家要把男家送来的茯茶分成小块，送亲友邻里。

11. 藏族

在藏族婚俗中，茶也是很重要的。藏族人以仪表和人品为主要标准，并不注重家境和聘礼。青年男女私订终身，要唱定情歌，歌中也是用茶比喻爱情。

婚俗中的茶礼在我国各民族中运用得极其普遍，从中原到边疆，从南到北，到处都把茶放在婚俗的重要位置上，可见茶作为坚定、纯洁、吉祥象征的观念多么深入人心。

三、茶与祭祀

以茶为祭品由来已久。

（一）历史性

著名的湖南长沙马王堆汉墓中发现有一箱茶叶随葬，这也是西汉贵族以茶为随葬品的证明。

南朝刘敬叔《异苑》记剡县陈务之妻，好饮茶茗。宅中有古墓，常以茗祭鬼神。

《南齐书·武帝本纪》载："我灵上慎勿以牲为祭，唯设饼果、茶饮、干饭、酒脯而已，天下贵贱，咸同此制。"

河南白沙宋墓浮雕壁画中，有仕女奉茶图，还有墓主人品茶的场景。

河北宣化辽墓中存有壁画，画面上描绘了点茶、饮茶的生动场面。

（二）地域性

许多产茶之地把茶作为丧俗、葬礼的重要内容。《中华全国风俗志》载："人死后，须食孟婆汤以迷其心，故临死时口衔银锭之外，并用甘露叶做成一菱附人，手中又放茶叶一包。以为死去有此两物，似可不食孟婆汤。并有杜撰佛经曰：'手中自有甘露叶，口渴还有水红菱。'此两句于放置时家属喃喃念耳。"

《中华全国风俗志》记载安徽等地的丧俗："凡人死后，俗以为必须过孟婆亭、吃迷魂汤。故成殓时以茶叶一包，加以土灰，置之死者手中，以为死者有此物即可不吃迷魂汤矣。"

用茶祭祀亡灵、先祖，这一风俗是中国社会的普遍习俗。

四、茶与庆典

茶秉天地之灵气而生，每当腊尽春来，惊雷一声，则生机发动。自古以来，茶以春茶为贵，以早茶为上。因此，为了催茶生长，庆祝新茶的开采，祈祷茶事的顺利，茶区每每于开采之前，都要按传统举行热闹的开茶庆典仪式。

（一）历史性

宋朝，建州（今福建建瓯）为最主要的产茶地，特别风行开采时"喊山"的仪式。欧阳修于宋嘉祐三年（1058）作《尝新茶呈圣俞》："建安三千里，京师三月尝新茶。人情好先务取胜，百物贵早相矜夸。年穷腊尽春欲动，蛰雷未起驱龙蛇。夜闻击鼓满山谷，千人助叫声喊呀。万木寒痴睡不醒，惟有此树先萌芽。乃知此为最灵物，宜其独得天地之英华。"反映了嘉祐年间建州建安北苑御用茶园的开茶情形。

明朝徐渤《武夷茶考》记载："喊山者，每当仲春惊蛰日，县官诣茶场致祭毕，隶卒鸣金，击鼓同声喊曰：茶发芽。"

（二）区域性

自古每逢春茶开摘时节，浙江杭州西湖龙井茶产区的茶农们都要举办各种茶庆活动。如2006年4月1日举行的"相约龙井——2006中国杭州西湖龙井开茶节"，就举行了"茶乡踏歌"活动，还特地请来了狮子队、少林武术队等助兴，他们与本地的采茶舞队、茶艺表演队一起载歌载舞，场面十分热烈。

江西赣州市龙南县的虔茶也有春茶开采祭茶庆典仪式，近些年，每年 3 月下旬，择良辰吉日迎来虔茶开园盛典。30 多名旗手挥动着"虔茶"古茶旗，在龙狮队的带领下穿梭舞动。主祭官带领仪仗队端净手水盆、捧茶水、抬着猪头等祭品列队缓缓入场。接着，行喊山祭祀礼，主祭官高声喊山祭祀：一拜天，二拜地，三拜山神。茶农们根据主祭官的口令用茶敬天、敬地、敬神，以表示对茶的敬意，感谢天地神恩。接着，宣读祭词，由侍女送祭词卷轴，词曰："惟神，默运化机，地钟和气，物产灵芽，先春特异，石乳流香，龙团佳味，供于天子，万年无替，资尔神功，用伸常祭！"祭词宣读完毕后，现场人员齐声高喊："茶发芽喽，茶发芽喽！"随后，奉上虔茶进行茶道表演，配以古乐、古典舞、书法，还有太极、舞剑等表演，真是精彩绝伦。

第二节　茶馆文化

茶馆文化是茶文化的重要组成部分。茶馆的别称非常多，或称茶邸、茶肆、茶坊、茶舍，或称茶铺、茶亭、茶居、茶楼、茶寮等。最初茶馆主要是供人们吃茶休息的公共场所，随着时间的推移，茶馆的社会功能逐渐增强，具有了联络感情、交流信息、休闲娱乐以及解决社会纠纷等功能。

一、茶馆的发展历程

（一）唐朝茶馆

唐朝以前，上溯至西晋，是茶馆的初始及形成期，那时称为茶摊。《广陵耆老传》中记载："晋元帝时有老姥，每日独提一器茗，往市鬻之，市人竞买。"这说明当时已有人将茶水作为商品到集市进行买卖了。这种属于流动式茶摊。设立流动式茶摊是卖茶羹茶水的初始方式，其作用仅仅是为人解渴而已。

最早有文字记载的茶肆见于唐朝封演所作《封氏闻见记》卷六"饮茶"："自邹、齐、沧、棣至京邑城市，多开店铺，煎茶卖之，不问道俗，投钱取饮。"这种在乡镇、集市、道边"煎茶卖之"的"店铺",是茶馆的雏形。

在唐朝,茶肆主要以卖茶为主,仅有简单及必要的陈设。茶叶本身的禀性,以及饮茶活动可修身养性等特点,首先被文人墨客发现,雅士结伴品茶吟咏,但尚未把浓郁的文化色彩完全带入茶肆。当时的茶肆在功能上非常单一,主要是供人们休息、解渴,谈不上茶馆文化。

(二)宋朝茶馆

到了宋朝,由于皇室的提倡,饮茶之风更为盛行,而且深入民间,茶成了人们日常生活中的必需品之一。吴自牧《梦粱录》记载:"盖人家每日不可阙者,柴、米、油、盐、酱、醋、茶。"

随着饮茶之风的盛行,宋朝茶馆业进入了兴盛时期。张择端的名画《清明上河图》生动地描绘了当时繁盛的市井景象,再现了万商云集、百业兴旺的情形,其中亦有很多的茶馆。据孟元老的《东京梦华录》记载,当时不但有早市茶坊,五更天就开始点灯做生意,而且有专业茶坊,人们可以一边喝茶,一边谈买卖。另外,还有专供仕女夜游吃茶的夜市茶坊。

茶馆在装饰上有了明显变化,吴自牧《梦粱录》记载"今杭州茶肆亦如之,插四时花,挂名人画,装点店面"。当时茶馆装饰上较为讲究,也确实美化了环境,增添了饮茶的乐趣。

自宋朝起,茶坊的社会功能发展较大,在饮茶解渴的基础上增加了给人们提供精神愉悦的功能。许多茶坊安排了丰富多彩的娱乐活动来满足不同层次人们的需求。

(三)明朝茶馆

明朝时期,因受文人士大夫的影响,茶馆也变得"文化"起来。此时的茶馆有档次之分,既有适合平民百姓的普通茶馆,也有满足文人雅士需要的高档茶馆,后者更为精致雅洁,讲究茶室环境的幽静、雅致。文震亨《长物志》云:"构一斗室,相傍山斋,内设茶具。教一童专主茶役,以供长日清谈。寒宵兀坐,幽人首务,不可少废者。"这种茶室的主要功能是品茗清谈,修身养性,为文人雅士接待友人之用。

元明以来，曲艺、评书活动盛行，北方茶馆有大鼓书和评书表演，南方茶馆则盛行弹词。明朝茶馆另外还供应各种各样的茶食。

"茶馆"一词正式出现在明末清初。明末张岱《陶庵梦忆》卷八记载："崇祯癸酉，有好事者开茶馆。泉实玉带，茶实兰雪。汤以旋煮，无老汤；器以时涤，无秽器。其火候、汤候，亦时有天合之者。"

（四）清朝茶馆

清朝茶馆更为普遍，这时的茶馆强调环境的优美和供应茶点的方便。吴敬梓在《儒林外史》中对杭城的茶馆描述道：马二先生步出钱塘门，过圣因寺，上苏堤，如净慈，到各茶馆品茶。一路上卖酒的青楼高扬，卖茶的红炭满炉。在吴山上，单是卖茶的就有三十多处。《儒林外史》虽是小说，不能据以为史，但清代饮茶之风，茶馆之盛，可见一斑。

清朝茶馆的社会功能主要是做供人们饮食、休息、娱乐、交流信息的活动场所。徐晓村《旧京茶事》一文描写北京的茶馆文化，文中说："老北京的茶馆大约有三种，即清茶馆、书茶馆和茶饭馆。清茶馆只是喝茶；书茶馆里则有艺人说书，客人要在茶资之外另付听书钱；茶饭馆除喝茶之外也可以吃饭……"可谓是当时全国茶馆的缩影。

清朝时期，不管是清茶馆还是书茶馆，除了满足人们的生活需要外，更重要的是满足人们精神上的需求，茶馆的精髓在于有高层次的文化内容。

（五）近现代茶馆

20世纪上半叶，社会动荡不安，中国的茶馆文化自然受到社会大环境的影响。

近代茶馆的主要特点是陈设完备、功能多样化，茶馆更像一个小社会，浓缩了社会生活的方方面面。老舍先生的剧作《茶馆》，把茶馆的社会功能描写得非常形象、生动。

（六）当代茶艺馆

茶艺馆最早于20世纪70年代出现于中国台湾。中国大陆最早的茶艺馆是位于北京的老舍茶馆，创办于1988年，被誉为"民间艺术的橱窗"。之后，大中城市也相继开起茶艺馆并蓬勃发展。茶艺馆是品茗的场所，是洽谈事务、以茶会友的交流中心，它既注重外部环境，又强调文化韵味和文化气息。

茶馆的发展历程见表2.1。

表2.1　茶馆的发展历程

朝代	文献记载或史料	发展阶段	称谓	形式或环境特点	功能或特点
晋代	《广陵耆老传》	初始及形成期	茶摊	流动式	卖茶羹茶水，解渴
唐朝	《封氏闻见记》	雏形	茶肆	店铺	投钱取饮，茶饮
宋朝	《东京梦华录》《梦梁录》	兴盛时期	茶坊	早市和夜市茶坊、专业茶坊，添加文化色彩	喝茶，谈买卖；引进艺伎，吹拉弹唱
明朝	《长物志》《陶庵梦忆》	发展时期	茶馆	环境幽静、雅致，增加艺术活动	品茗清谈，修身养性；增加茶食；曲艺、评书、弹词等
清朝	《儒林外史》《旧京茶事》	成熟期	茶馆	清茶馆、书茶馆、茶饭馆、大茶馆	喝茶、吃饭、说书、休息、娱乐和交流信息
近现代茶馆	《茶馆》	动荡期	茶馆	小社会群体	陈设完备、功能多样化
当代茶艺馆	北京的老舍茶馆	发展兴盛期	茶艺馆	注重外部环境，体现文化韵味、气息	品茗、洽谈事务和以茶会友

二、区域茶馆特色

（一）杭州茶馆

《宋史·地理志》提到两浙"人性柔慧，尚浮屠之教"。南宋时期，在吴越文化的影响下，杭州茶馆的兴起与其经济、文化的繁荣同步。杭州不仅环境优美，自然资源得天独厚，而且经济繁荣，城市商品经济十分发达，市民文化兴盛，饮茶风习普及，正因如此，杭州茶馆繁荣昌盛，是全国茶馆业中先进的代表之一。

杭州素有"人间天堂"之美誉。因有了龙井茶与天堂的盛名，杭州茶馆有着难以抗拒的魅力。杭州汇集了国内外著名的茶文化、茶科研、茶教育、茶生产等协会、单位，开展了形式多样、颇具影响的茶文化交流活动，茶文化氛围非常浓郁，这同时也推动了杭州茶馆业的有序发展。

至今，杭州茶馆有上千家，星罗棋布，各种类型的茶馆纷纷出现，成为杭州旅游文化景观之一，去茶馆喝茶也成为杭州市民休闲时尚的活动内容。杭州经营茶馆的以女性居多，其经营风格自有一种温柔可人之处。茶馆布置一般都十分古雅，讲究文化内涵。如杭州的青藤茶馆，在作家张抗抗的笔下，风致真是令人陶醉。又如坐落在西湖边的湖畔居也别具一格，人坐在那里，西湖美景尽收眼底，一览无余，可以一边品茗一边欣赏湖光山色（图2.1）。还有坐落在浙江大学玉泉校区旁精致小资的你我茶燕茶馆，深受知识分子和商务人士喜欢。另外，在西湖的水面上有一种小船，我们称之为"船茶"，摇船的人我们称之为"船娘"。小船布置得干净整洁，舱内摆放了一张小方桌和几张椅子，桌上放有茶壶、茶杯。游客上船，"船娘"便先沏上一壶香茗，然后荡起小船，在游湖中品茗赏景，别有一番风味。

值得一提的是，杭州有些茶馆设有自助式茶点、茶食，价格是固定的，只收茶钱，茶客可以一边品茗一边享受美食。这类茶馆已成为目前杭州茶馆的特色，让茶客在接受服务的同时也不失主动，随时取用自己喜爱的茶点。

杭州的茶艺馆注重雅致的环境，讲究茶水的沏泡技艺。许多茶艺馆除了有独具匠心的沏茶功夫，还有各具特色的茶艺表演，这些使茶馆增添了审美情趣。

（二）成都茶馆

据考证，茶馆最早起源于四川。四川素有"天府之国"之美誉。四川大街小巷随处可见茶馆，据报道，四川茶馆有4000多家，数成都最多，有"四川茶馆甲天下，成都茶馆甲四川"之说。早在民国初期，成都茶馆已达454家，居四川之最，是历来茶馆数量最多的城市。

"天府明珠"成都历来富庶安逸，俗谚"头上晴天少，眼前茶馆多"，就是对这个城市的经典概括。相比中国其他地方，成都人的茶馆情结特别深。茶馆大

图2.1 杭州茶馆——湖畔居

多以竹为棚，桌椅也多为竹制，馆内有假山、字画、花木盆景，幽雅宜人，真所谓"座畔茶香留客饮，壶中茶浪似松涛"，令人心醉。竹靠椅、小方桌、三件头盖碗、老虎灶、紫铜壶，已经成为成都茶馆的特色符号。

成都茶馆讲究环境的清雅、茶具的精巧，茶博士的斟茶功夫更令人叫绝，凡见过者，无不叹为观止。他一手提紫铜茶壶，另一手托一叠茶具，只要茶客招呼加水，他就把一米长的大铜壶的壶嘴靠拢茶碗，然后猛地向上抽抬，一股直泻的水柱便冲到茶碗里，接着他小拇指一翻就把你面前的茶碗盖起了。他表演的花样有"苏秦背月""蛟龙探海""飞天仙女""童子拜观音"等，令人眼花缭乱。技术高超的还可以扭转身子把开水注到距离壶嘴几尺远的茶碗里，只见一道水柱凌空而降，泻入茶碗，翻腾有声，犹如松涛，须臾间，水柱又戛然而止，茶汤水面恰到好处，与碗口齐，碗外滴水不漏，真叫绝活！

成都人总爱三五成群去茶馆（图2.2），从早晨一直坐到晚上关门，人手一盅盖碗茶，海阔天空，谈笑风生，所谓"摆龙门阵"也。有时也会有曲艺节目，如川剧、扬琴、评书或清音等，以佐茶客之兴。熙熙攘攘、热热闹闹的茶楼，极具浓厚的地方色彩，是中外游客的一个好去处，也是文学作品经常描写的对象。

成都露天茶馆非常多，一出太阳，露天茶馆就很火爆。这时候，晒太阳成为出门的主要理由，喝茶仅仅是因为喝茶的地方好晒太阳。在成都有常年固定在茶馆"摆龙门阵"的茶客。

成都茶馆功能多姿多彩。去茶馆有的品茗对饮，谈天说地；有的看报喝茶，闹中取静；有的对弈、玩牌、打麻将；有的洽谈生意；还有的请专人掏耳朵。茶馆已经成为当地人们休息、娱乐、会友、传递信息、交流感情的重要场所。有人说成都茶馆是社会生活的一面镜子，虽然少了些儒雅，但茶的社会文化功能却得到了充分体现。

（三）北京茶馆

作为首都的北京有着悠久的历史，在发展进程中形成了独具特色的京味文化。从古至今，北京都是中外文化撞击、渗透和融汇的中心。茶馆文化成为京味文化的一个重要方面。

北京茶馆最早出现在元朝，明清两代发展较快。北京茶馆以大众茶馆为典型。

图2.2　成都茶馆

北京人饮茶风气极盛，饮茶者众多，上自皇亲国戚、达官贵人，下至平民百姓，都有每天喝茶的习惯。茶馆是北京社会、经济、文化生活的一个重要窗口。北京的茶馆以清茶馆、书茶馆和茶饭馆最有名。

北京的老舍茶馆，坐落在前门西大街，于1988年开业，是一家以人民艺术家老舍先生及其作品命名的茶馆。其在提供满足大众解渴需求的大碗茶的基础上，提高服务档次，增加茶文化内容，增设了展示民族传统文化的舞台，成为京味茶文化继承创新的一个代表。茶馆位于三楼，门口环饰着紫木透雕，正中挂有"老舍茶馆"金字牌匾（图2.3），馆内有漏窗茶格、玉雕石栏、华丽宫灯、名人字画以及清式桌椅，传统京味十足（图2.4）。上下午还售卖饭菜，晚上茶馆还有北京琴书、京韵大鼓、口技、快板、京剧、昆曲等文艺表演，为茶客添兴助乐。

图2.3　老舍茶馆外观

图2.4　北京茶馆——老舍茶馆

（四）广州茶馆

在"得风气之先"的岭南文化影响下，广州饮茶之风极盛，饮茶习俗已渗透到生活的方方面面。广东人兴起的"早茶"，一直流行至今，已成为广东人的一种传统习俗，极具地方特色。

广州的茶馆多称为茶楼（图2.5），是茶与餐食的结合体，典型特点是"茶中有饭，饭中有茶"。在广州和香港等地，饮茶几乎等于吃饭，一天之内有早茶、

图2.5　广州茶楼

午茶和晚茶之分，尤其是他们的早茶更是享誉世界。清晨，在开始一天的工作之前，名茶早点，一盅两件，既是早餐，也是一种享受。茶有红茶、绿茶、乌龙茶、花茶、元宝茶等种类，点心最常见的是各种包子，诸如叉烧包、水晶包、水笼肉包、虾仁小笼包，还有其他各类烧卖、酥饼、牛肉粥、鱼生粥、猪肠粉、虾仁粉、云吞等。

广州茶楼实行"三茶两饭"。"三茶"指一天之内早、午、晚饮茶三次；"两饭"指午饭和晚饭。以早茶最为热闹。广州各阶层都有饮早茶的习惯，茶楼多半是凌晨四五点钟开门迎客，客人就纷至沓来、络绎不绝，很快座无虚席，直到午夜才收市。

在茶楼里，客人需要续水时，只要把壶盖打开，服务员便会意而来。关于这一礼仪的由来，相传是过去有一富商到茶楼饮茶，叫堂倌给他加水，堂倌刚把壶盖打开，他"呵嗬"大叫一声，赖称壶中有只价值千金的画眉鸟被堂倌放飞了，定要茶楼赔偿。老板无奈，只好规定，茶客凡要加水者，自己打开壶盖，以防有诈。时至今日，这习惯动作已成为茶客要加水的示意信号，无须叫唤服务员了。

（五）上海茶馆

上海是中国国际化的大都市，兼容实惠也是当今沪上茶馆的独特之处。这里有以"上海老茶馆"为代表的老式怀旧茶馆，布置着 20 世纪二三十年代上海的老画像，上海人曾经使用过的老式电话、洋油灯、洋风炉等，坐于其中，时光俨然倒流回去，品味那旧梦，亦真亦幻，一种别样的情感油然而生。一位茶客留言："来上海，不到老上海茶馆将终生遗憾；到上海，来过老上海茶馆的人却遗憾终生。"

上海的茶客则会选择一些比较随意但布置别样的茶馆（图 2.6）。大部分茶馆分区域设置，有沙发区、藤椅区等，既可选择老式，也可选择新式。上海茶馆采用了杭州茶馆的形式，客人点上一壶茶，然后自主地选择各式点心、水果。

在上海还流行着大众茶馆，形式简单，有的甚至推出畅饮消费，成为人们茶余饭后的牌局点。在这些地方，基本上都是一桌一桌的扑克友，鲜明地反映出上海普通人的生活习惯。

图2.6　上海茶馆——湖心亭

第三节　茶俗众相

"千里不同风，百里不同俗。"在长期的社会生活中逐渐形成的以茶为主题或以茶为媒介的风俗、习惯即茶俗。茶俗是关于茶的历史文化传承，是人们在农耕劳动、文化活动、休闲交往中创造、享用和传承的生活文化。茶俗具有地域性、社会性、传承性和自发性的特点，涉及社会经济、政治、文化等各个层面。

每个地区、每个民族都具有有其地方特色的茶俗，能让你在当地文化习俗中感受不同的茶文化。一般来说，北方人爱喝花茶，江南人爱喝绿茶，岭南人则喜饮乌龙茶，少数民族也都各自有着自己的饮茶习俗。这些习俗或具独特的地方特色，或秉浓郁的民族风情，恰如多姿多彩的百花园，令人赏心悦目，观之不足矣。

一、汉族特色茶俗

汉族主要聚居在中国的松辽平原，以及黄河、长江、珠江等大河中下游流域，在边疆地区则多与少数民族交错杂居。

3000 多年前，汉族人已开始饮茶。茶俗在历史发展演变中不断传承下来。汉族特色饮茶习俗主要有休闲坐茶馆、北京大碗茶、潮汕工夫茶、早市茶、岭南凉茶等。

（一）休闲坐茶馆

中国茶馆是一个产业，也是一种文化。在中国，不论地域、职业、性别，人们都有"坐茶馆"的习惯。

我国四川、京津、江浙、上海、广东等地都是传统茶馆的大本营，有着厚重的历史文化积淀。人们到茶馆不纯粹是因为清闲，也不见得都有明确的目的。大家把茶馆作为接受信息、了解社会、交流思想、畅叙友情、洽谈商贸和娱乐生活的主要场所。

（二）北京大碗茶

在我国北方最常见的饮茶风尚就是喝大碗茶，其中最有名的要数北京大碗茶。

为"忙人解渴",大号碗装茶最为方便,"大碗茶"也因此而得名。

有一首由著名词作家阎肃作词的歌曲《前门情思大碗茶》,唱的就是北京的大碗茶。

大碗茶多用大壶冲泡,或者大桶装,大碗畅饮,热气腾腾,提神解渴,好生自然。这种清茶一碗,随便饮喝,无须讲究过多的喝茶方式,虽然比较粗犷,颇有"野味",但它随意,不用楼、堂、馆、所,摆设也很简便,一张桌子,几条木凳,若干只粗瓷大碗便可。因此,大碗茶常以茶摊或茶亭的形式出现,主要为过往客人解渴小憩。由于大碗茶贴近社会、贴近生活、贴近百姓,自然为人们所称道。即便是生活条件不断得到改善和提高的今天,大碗茶也不失为一种重要的饮茶方式。

(三)潮汕工夫茶

在广东的潮州、汕头一带,老百姓生活悠闲,无论是抽喇叭烟、听南音,还是泡工夫茶,都其乐无穷。潮汕工夫茶的茶具称为茶房"四宝"。这"四宝"是:玉书煨,即烧开水的水壶;潮汕炉,即烧火用的小泥风炉;孟臣罐,即紫砂小茶壶;若琛瓯,即品茗小茶杯。

人们将乌龙茶放入壶内,填满壶的十之六七,注入开水后加盖。为使壶内保持较高温度,以开水浇壶,茶水入杯,这时就可以啜茶了。方式是先闻其香后品其味,浓香透鼻后便可举杯倾茶而入,含汤在口舌之间回旋,顿觉味甘喉润,两腋生风,回味无穷。三杯过喉,茶香犹存。

品乌龙茶,不仅是满足口腹之欲,而且更重要的是,鉴赏茶的香气和滋味,悠然自得地鉴水、烹茶、品香,重在物质和精神的享受。

(四)早市茶

早市茶又称早茶,多见于中国大中城市,其中广州的早市茶历史最久、影响最深远,无论在早晨还是在工作之余,或是朋友聚会,广州人总爱去茶楼,泡上一壶茶,要上两份点心,俗称"一盅两件",如此品茶尝点,润喉充饥,风味横生。

如今,把这种吃茶方式看作是充实生活和社交联谊的一种方式。例如,在假日,全家老幼登上茶楼,围桌而坐,饮茶品点,畅谈国事、家事、身边事,其乐融融;亲朋之间,上得茶楼,谈心叙谊,沟通心灵,倍觉亲近。所以,许多人即便交换意见，或者洽谈业务、协调工作，甚至谈情说爱，也喜欢用吃早茶的方式进行。这就是汉族吃早茶的风尚之所以能长盛不衰，甚至更加延伸扩展的缘由。

（五）岭南凉茶

所谓凉茶，是指将药性寒凉、能消解内热的中草药与茶一起煎煮而成的饮料。凉茶既可以消解夏季人体内的暑气，也可以防治冬日干燥引起的喉咙疼痛等疾患。

在岭南地区，人们习惯于喝凉茶，大街小巷的凉茶铺就是岭南的一道风景。晚饭后，街坊邻居走出门外散步，路过凉茶摊，总会喝上一杯，算得上是劳作之余的一种享受。

岭南地区的人们饮用凉茶相当普遍，这与地理气候有很大关系。在古代，岭南自然环境非常恶劣。唐韩愈贬潮州时曾上表曰："州南近界，涨海连天，毒雾瘴气，日夕发作。"（《潮州刺史谢上表》）岭南人在长期适应改造自然环境的过程中，逐渐摸索积累了丰富的经验，创制了各种保健治病的"凉茶"。随着商业的发展，在集市和路旁也出现了出售各类凉茶的店铺，由于服用方便，保健治病效果明显，深受民众喜爱。久而久之，人们饮用凉茶也如同一日三餐那样必不可少，相沿成俗，形成了颇具特色的凉茶文化。凉茶与粤剧、粤菜、粤语等一起构成了鲜明独特的岭南文化。

二、土家族擂茶

（一）区域分布

土家族人民主要居住在川、黔、湘、鄂四省交界的武陵山区一带。那里到处古木参天，绿树成荫，有"芳草鲜美，落英缤纷"之誉，是我国的旅游胜地之一。

（二）历史典故

擂茶，又名"三生汤"。此名的由来，说法有二：一个是因用生叶（指茶树上新鲜的幼嫩芽叶）、生姜和生米等三种原料加水烹煮而成，故得名；另一个是传说东汉末年，张飞曾带兵进攻武陵壶头山（在今湖南省常德市境内），路过乌头村时正值炎夏酷暑，军士个个筋疲力尽。当时这一带正好瘟疫蔓延，张飞部下数百将士病倒，连张飞本人也未能幸免。危难之际，村上一位老者有感于张飞部属的纪律严明，对村民秋毫无犯，特献祖传除瘟秘方——擂茶，将擂茶分予将士。茶（药）到病除，为此，张飞感激不已，称老汉为"神医下凡"，说"真是三生有幸！"从此以后，人们也就称擂茶为"三生汤"了。

（三）制作方法

人们一般先将生叶、生姜、生米按个人口味，按一定比例倒入用山楂木制成的擂钵中，用力来回研捣，直至三种原料被混合研成糊状，再起钵入锅，加水煮沸，便成了擂茶。由于茶叶能提神祛邪，清火明目，生姜能理脾解表，去湿发汗，生米能健脾润肺，所以擂茶有清热解毒、通经理肺的功效。由于喝擂茶有诸多好处，对高寒多湿的山区人民更是如此，因此喝擂茶自然成为当地的一种习俗，世代相传。

（四）品饮方式

当地居住的其他民族人民都养成了喝擂茶的习惯。一般人们中午回家，在吃饭之前，总是先喝几碗擂茶。有的老年人甚至一日三饮，一饮就三碗，不喝擂茶就会感到全身乏力，精神不佳。

土家族人民把擂茶当作是招待亲友的一道"点心"，可根据每个人的不同爱好，在擂茶中加入白糖或盐巴，以及花生米、芝麻、爆米花之类的食物，一旦呷茶入口，甜、苦、辣、涩、咸都有，可谓五味俱全。一碗落肚，能舒身提神，领略擂茶"既是饮料能解渴，又是良药可治病"的妙处。

三、藏族的酥油茶

（一）区域分布

藏族人民主要居住在西藏，当地有"腥肉之食，非茶不消；青稞之热，非茶不解"的说法。茶叶是当地人民补充营养的主要来源，是不可缺少的生活必需品。目前，西藏的年人均茶叶消费量达15千克左右，为全国各省（区、市）之冠。

（二）历史典故

酥油茶始于何时，已无法考证。传说，最早出现与文成公主有关，唐代文成公主进藏时带去茶叶，经过多次反复调制，逐渐形成如今的酥油茶。时至今日，只要有客自远方来，藏族同胞都会谈起这段佳话，缅怀文成公主。

（三）制作方法

藏族人民饮茶，有喝清茶的，有喝奶茶的，但以喝酥油茶为多。所谓酥油，就是把牛奶或羊奶煮沸，用勺搅拌，倒入竹筒内，冷却后凝结在表面的一层脂肪。茶叶一般选用的是紧压茶类中的普洱茶、金尖等。酥油茶的加工方法比较讲究，先烧水，待水煮沸后，用刀把紧压茶捣碎，放入沸水中煮。约半小时，待茶汁浸出后，滤去茶渣，把茶汁装进长圆柱形的打茶筒内。同时，用另一口锅煮牛奶或羊奶，煮到表面凝结一层酥油时，把它倒入盛有茶汤的打茶筒内，再放上适量的盐和糖。然后盖住打茶筒，用手把住直立茶桶之中能上下移动的长棒，不断舂打。根据藏民的经验，直到筒内声音由"咿啊，咿啊"变成"嚓咿，嚓咿"时，茶、酥油、盐、糖等即混为一体，酥油茶就打好了。

打酥油茶用的茶筒，多为铜质，也有用银制的。盛酥油茶用的茶具，多为银质，也有用黄金加工而成的。茶碗以木碗为多，常常镶嵌以金、银或铜，也有用翡翠制成的。这种华丽而又昂贵的茶具，常被看作是传家之宝。而这些不同等级的茶具，是人们财产拥有程度的标志。

（四）品饮方式

喝酥油茶是很讲究礼节的，宾客入座后，主妇会立即奉上糌粑。随后，主妇按辈分大小，先长后幼，分别递上一只茶碗，为众宾客一一倒上酥油茶。主客边喝酥油茶，边吃糌粑，这种饮茶风俗，别有一番风味。

按当地习惯，客人喝酥油茶时，不能端碗一喝而光，否则被视为不礼貌、不文明。一般每喝一碗茶，都要留下少许，这被看作是对主妇打茶手艺不凡的一种赞许，这时，主妇又来斟满。如此二三巡后，客人觉得不想再喝了，就把剩下的少许茶汤有礼貌地泼在地上，表示酥油茶已喝饱，主妇也就不再劝喝。

四、蒙古族的咸奶茶

（一）区域分布

蒙古族主要分布在内蒙古自治区、东北三省、青海等地，当地人民喜欢喝由盐巴和牛奶一道煮沸而成的咸奶茶。

（二）制作方法

蒙古族人喝的咸奶茶，多为青砖茶和黑砖茶，用铁锅烹煮。由于高原气压低，水的沸点在100℃以下，而砖茶又不同于散茶，其质地紧实，若直接用开水冲泡，很难将茶汁浸泡出来，故蒙古族人多采用烹煮。

煮咸奶茶时，先把砖茶打碎，将洗净的铁锅置于火上，盛水2～3千克。至水沸腾时，放上捣碎的砖茶约25克，沸腾3～5分钟后，掺入奶，用量为水的1/5左右，接着加入适量盐巴，等整锅奶茶开始沸腾时，咸奶茶就煮好了。

（三）品饮方式

蒙古族人已习惯"一日三次茶""一日一顿饭"。每日清晨起来，主妇们先煮上一锅咸奶茶，供全家整天饮用。蒙古族人喜欢喝热茶，早上一边喝茶，一边吃炒米。早茶后，将其余的咸奶茶放在微火上暖着，随需随取。通常一家人只在晚上放牧回家后才正式用一次餐，早、中、晚三次咸奶茶一般是不能少的。如果晚餐吃的是牛羊肉，睡觉前全家还会喝一次茶。至于中、老年男子，喝茶的次数就更多了。

蒙古族人如此重饮（茶）轻吃（食），却又身强力壮，固然与当地牧区气候、劳动条件有关，但主要还是由于咸奶茶的营养丰富，加之喝茶时常吃些炒米、炸油果之类，可有效地补充营养及能量。

五、维吾尔族的奶茶与香茶

（一）区域分布

维吾尔族主要分布在新疆的和田、喀什、阿克苏地区。维吾尔族人酷爱喝茶，茶已成为当地人民生活的必需品。当地流行着一句俗语："宁可三日无米，不可一日无茶。"

维吾尔族人集中居住在同一区内。北疆以畜牧业为主，人们多以放牧为生，饮品以加牛奶的奶茶为主；南疆虽为塔克拉玛干沙漠地区，但沙漠外围的冲积平原是水草丰茂、农产富饶的绿洲，人们多以农业为生，饮品以加香料的奶茶为主。

（二）制作方法

北疆的奶茶。一般先将茯砖茶敲成小块，抓一把放入盛水八分满的茶壶内，在煤炉上烹煮，至沸腾 4 ～ 5 分钟后，加一碗牛奶或几个奶疙瘩及适量盐巴，再让其沸腾 5 分钟左右，一壶热、香、咸的奶茶就制好了。如果一时喝不完，还可再加上若干水、茶叶、奶子和盐巴，让其慢慢烹煮，以便随时有奶茶可喝。

南疆的香茶。其做法与煮奶茶相同，只是最后加入的佐料，并不是牛奶与盐巴，而是将胡椒、桂皮等香料碾碎而成的细末。煮香茶用的通常是一把铜质长颈茶壶或搪瓷茶壶，为防止倒茶时茶渣、香料混入茶汤，在壶嘴上往往套有一个网状的过滤器。

（三）品饮方式

北疆牧民喝奶茶，早、中、晚三次是必不可少的，中老年牧民上午和下午还要各增加一次。有的牧民甚至一天要喝七八次。有客从远方来，主人就会迎客入帐，席地围坐，好客的女主人当即在地上铺上一块洁净的白布，献上烤羊肉、馕（一种用麦粉烘烤而成的圆饼）、奶油、蜂蜜、苹果等，再奉上一碗奶茶。在谈事叙谊、喝茶进食的同时，女主人始终在旁为客人敬茶劝吃。若客人已经吃饱喝足，按当地的习惯，需在女主人献茶时，用分开五指的右手，轻轻在茶碗上一盖，表示"谢谢！请不用再加了"。这时，主人也就心领神会，不再加茶。

南疆人喝香茶，一日 3 次，与三餐同时进行，经常是一边吃馕，一边喝香茶。香茶与其说是一种饮料，不如说是一种汤料，实是以茶代汤，用茶作菜。现代医药学研究表明，胡椒能开胃，桂皮可益气，茶叶能提神，三者相互调补，相得益彰，使茶的药理作用有所加强。

六、白族的三道茶

(一) 区域分布

白族人散居在我国西南地区,主要在云南省大理白族自治州。白族是一个十分好客的民族。"三道茶",就是喝三次茶,是白族待客的一种风尚。

(二) 制作方法

宾客上门,主人一边与客人促膝谈心,一边吩咐家人架火烧水。待水沸开,由家中或族中有威望的长辈亲自司茶,将小砂罐置于文火上烘烤。待罐烤热后,取一撮茶叶放入罐内,并不停地转动罐子,使茶叶受热均匀。待罐中茶叶"啪啪"作响,色泽由绿转黄,且发出焦香时,随手向罐中注入已经烧沸的开水。主人就将罐中翻腾的茶水倾注到一种类似"牛眼睛盅"的小茶杯中。

(三) 品饮方式

"清苦之茶"。白族称这第一道茶为"清苦之茶",它寓意做人的道理,"要立业,就要先吃苦"。杯中茶汤容量不多,白族人认为,"酒满敬人,茶满欺人",所以,茶汤仅半杯而已,一口即干。由于此茶是经烘烤、煮沸而成的浓汁,因此看上去色如琥珀,闻起来焦香扑鼻,喝时却滋味苦涩。冲好头道茶后,主人就用双手举茶敬献给客人,客人双手接茶后,通常一饮而尽。此茶虽香,却也够苦,因此谓之"苦茶"。

"甜茶"。白族人称第二道茶为"甜茶",它寓意"人生在世,做什么事,只有吃得了苦,才会有甜香来"。喝完第一道茶后,主人会在小砂锅中重新烤茶注水。与此同时,将盛器"牛眼睛盅"换成小碗或普通杯子,放上红糖和核桃肉,冲茶至八分满时,敬于客人。此茶甜中带香,别有一番风味。

"回味茶"。白族人称第三道茶为"回味茶"。主人先将一满匙蜂蜜及 3～5 粒花椒放入杯(碗)中,再冲上沸腾的茶水,容量多以半杯(碗)为度。客人接过茶杯时,一边晃动茶杯,使茶汤和佐料均匀混合,一边"呼呼"吹气,趁热饮下。此茶喝起来回味无穷,可谓甜、苦、麻、辣各味俱全。它寓意人们,要常常"回味",牢牢记住"先苦后甜"的哲理。

七、纳西族的盐巴茶与龙虎斗

（一）区域分布

纳西族人主要生活在云南省的高山峡谷地区，那里海拔多在 2000 米以上。由于海拔高，气候干燥，主食杂粮，缺少蔬菜，茶叶早已成为人们必不可少的生活饮品。纳西族人一天不喝茶就头昏脑涨、四肢无力，严重的甚至卧床不起，称为"茶病"。

（二）制作方法

冲盐巴茶是纳西族较为普遍的饮茶方法。居住在这里的傈僳族、汉族、苗族等民族也常饮盐巴茶。其制法是将特制的容量 200～400 毫升的小瓦罐洗净后放在火塘上烤烫，抓一把青毛茶（约 5 克）或掰一块饼茶放入罐内烤香，再将开水冲入瓦罐，罐即沸腾起来，冲出泡沫。有的地方将第一道茶汁倒掉，因为不太干净，第二次再向瓦罐中冲入开水至满，待沸腾后停止，将一块盐巴放在罐内茶水中，用筷子搅拌，将茶汁倒入茶盅至一半，加入开水冲淡，即可饮用。

龙虎斗的纳西语叫"阿吉勒烤"，是他们用以治疗感冒的药用茶。它的制作方法非常有趣：将茶放在小陶罐中烘烤，待茶焦黄后，冲入开水，像熬中药一样，熬得浓浓的。

（三）品饮方法

冲泡好的盐巴茶汤色橙黄，既有强烈的茶味，又有咸味，可解除疲劳。一般每烤茶一次可以冲饮三四道。

由于处于高寒地带，缺少蔬菜，故人们常以喝茶代替吃蔬菜。全家每人一个茶罐，"苞谷（玉米）粑粑盐巴茶，老婆孩子一火塘"，茶叶成为不可缺少的生活必需品。这里的人们每日必饮三次茶，清早起来边喝茶，边吃苞谷粑粑或在火塘里煨熟的麦面粑粑，中午和晚上劳动回来后还要喝茶。"早茶一盅，一天威风；午茶一盅，劳动轻松；晚茶一盅，提神去痛。一日三盅，雷打不动。"

品饮龙虎斗时，先将半杯白酒倒入茶盅，再将熬好的茶汁冲进酒里（注意不能将酒倒入茶里），这时茶盅发出悦耳的响声，响声过后，就可以饮用。

龙虎斗是治疗感冒的茶，喝一杯龙虎斗，全身汗畅，睡一觉后就感到浑身有力，病痛皆无。

八、苗族和侗族的打油茶

（一）区域分布

在桂北、湘南交界地区和贵州遵义地区，聚居着许多侗、苗、瑶兄弟民族。住在这里的人们，家家打油茶，人人喝油茶。一家人每天都要喝几碗油茶汤，祛邪祛湿，抖擞精神，预防疾病。

当地盛行着一句赞美喝油茶的顺口溜："香油芝麻加葱花，美酒蜜糖不如它。一天油茶喝三碗，养精蓄力有劲头。"

（二）制作方法

打油茶中的"打"实际上是"做"的意思，一般经过4道程序。首先是点茶。打油茶用的茶是经专门烘炒的末茶，选用茶树上的幼嫩芽叶，具体要根据茶树生长季节和个人的口味爱好而定。打油茶用的佐料，除茶叶和米花外，还有鱼、肉、芝麻、花生、葱、姜和食油（通常用茶油）。煮茶时先生火，待锅底烧热，放油入锅，等油冒青烟，立即向锅内倒入茶叶，并不断翻炒。当茶叶发出清香时，加上芝麻、花生、生姜之类。接着，加水加盖，煮沸3～5分钟，茶汤起锅前，撒一把葱姜。这时，又鲜又香又爽，同时不失茶味的油茶就打好了。若油茶是用来待客的，还得再进行一道工序，就是配茶，一般在已经打好的油茶中，分别放上各种菜肴或其他食物。因加入佐料的不同，故有鱼子油茶、糯米油茶、米花油茶、艾叶粑油茶之分。

（三）品饮方式

油茶已成为当地人民的生活必需品和待客的高尚礼仪。倘若款待高朋至亲，他们就按当地的习惯，请村里打油茶的"高手"出场，专门炒制美味香脆的食物，如炸鸡块、炒猪肝、爆虾子等，分别装入碗内。然后，把刚打好的油茶趁热注入盛有食物的茶碗中。接着便是奉茶，奉茶十分讲礼节，通常当主人快要打好油茶时，就招呼客人围桌入座。主人彬彬有礼地将筷子放在客人前面的方桌上，接着双手奉上油茶，宾客随即用双手接茶，并欠身含笑点头致谢。为了对主人的热忱好客表示回敬，为了赞美油茶生香可口的美味，客人喝油茶时，总是边吃边啜，赞叹不已。一碗吃光，主人马上添加食物，再喝两碗。按照当地风俗，客人喝油茶，一般不少于 3 碗，这叫"三碗不见外"。

九、傈僳族的雷响茶

（一）区域分布

傈僳族人主要聚居于云南省怒江傈僳族自治州，喝雷响茶是傈僳族的风尚。

（二）制作方法

雷响茶是酥油茶的一种。先用一个能煨 750 克水的大瓦罐将水煨开，再把饼茶放在小瓦罐里烤香，然后将大瓦罐里的开水加入小瓦罐内熬茶。熬 5 分钟后，滤出茶叶渣，将茶汁倒入酥油筒内。倒入两三罐茶汁后加入酥油，再加入事先炒熟、碾碎的核桃仁、花生米、盐巴或糖和鸡蛋等。最后，将一钻有小洞的烧红的鹅卵石放入酥油筒内。筒内茶汁"哧哧"作响。响声过后马上使劲用木杵上下抽打，使酥油成为雾状，均匀溶于茶汁中。

（三）品饮方式

油茶打好后立即倒出，趁热饮用。这样饮用能增进茶汁的香味和浓度。

十、傣族、拉祜族的竹筒香茶

（一）区域分布

竹筒香茶的傣语叫"腊踩"，拉祜语叫"瓦结那"，是傣族和拉祜族人民别具风味的一种饮料。

傣族人主要聚居在云南西双版纳傣族自治州、德宏傣族景颇族自治州和耿马傣族佤族自治县、孟连傣族拉祜族佤族自治县，是一个能歌善舞的民族。

拉祜族是主要分布在云南澜沧、孟连、耿马、沧源、勐海、西盟等地的少数民族之一。"拉祜"是用一种特殊方法烤吃虎肉的意思。拉祜族被称为"猎虎的民族"。

（二）制作方法

竹筒香茶的制法有以下两种：一种是采摘细嫩的一芽二三叶茶，经铁锅杀青、揉捻，装入生长一年的嫩甜竹（又称香竹、金竹）筒内。制成的竹筒香茶既有茶叶的醇厚茶香，又有浓郁的甜竹清香。另一种是将 0.25 千克一级晒青春尖毛茶，放入小饭甑里，糯米以水泡透，在甑子底层堆放 6～7 厘米，垫一块纱布，上放毛茶，约蒸 15 分钟，待茶叶软化充分吸收糯米香气后倒出，立即装入准备好的竹筒内。用这种方法制成的竹筒香茶，三香齐备，既有茶香，又有甜竹的清香和糯米香。

竹筒的筒口直径为 5～6 厘米，长为 22～25 厘米，边装边用小棍筑紧，然后用甜竹叶或草纸堵住筒口，放在离炭火约 40 厘米的烘茶架上，以文火慢慢烘烤，约 5 分钟翻动竹筒一次，待竹筒由青绿色变为焦黄色，筒内茶叶全部烤干时，剖开竹筒，即成竹筒香茶。

（三）品饮方式

竹筒香茶外形为竹筒状的深褐色圆柱，具有芽叶肥嫩、白毫彰显、汤色黄绿、香气馥郁、滋味鲜爽回甘的特点。只要取少许茶叶用开水冲泡 5 分钟，即可饮用。

傣族和拉祜族人在田间劳动或进原始森林打猎时，常常带上制好的竹筒香茶。在休息时，他们砍上一节甜竹，灌入泉水在火上烧开，然后放入竹筒香茶再烧 5 分钟，待竹筒稍变凉后即可品饮。

十一、布朗族的酸茶

（一）区域分布

布朗族人是"濮人"的后裔，主要聚居在云南勐海县的布朗山，以及西定和巴达等山区。镇康、双江、临沧、景东、澜沧、墨江等地也有部分散居和杂居的布朗族人，他们多居住在海拔 1500 米以上的高山地带，习惯常年吃酸茶。

（二）制作方法

酸茶的制茶时间一般在五六月份。高温高湿的夏茶季节，将采下的幼嫩鲜茶煮熟，放在阴暗处 10 余日让它发霉，然后装入竹筒内再埋入土中，经月余即可取出食用。

（三）品饮方式

吃酸茶时是将酸茶放在口中嚼细咽下。酸茶可以帮助消化和解渴。

十二、回族的罐罐茶

（一）区域分布

回族人民主要居住在我国的大西北，特别是在甘肃、宁夏、青海 3 省（区）最为集中。从古至今，茶叶一直是当地人不可或缺的生活饮料。一般成年人每月用茶量达 1 千克左右，老年人用茶量更多。

（二）制作方法

罐罐茶通常以中下等炒青绿茶为原料，加水熬煮而成。熬煮罐罐茶的方法比较简单，与煎中药大致相仿。煮茶时，先在罐子中盛上半罐水，然后将罐子放在小火炉上，待罐内水沸腾后放入茶叶 5 ~ 8 克，边煮边拌，使茶、水相融，茶汁充分浸出。经 2 ~ 3 分钟后，向罐内加水至八成满，至茶水再次沸腾时，罐罐茶就熬煮好了。

熬煮罐罐茶的茶具，是用土陶烧制而成的，当地人认为，用土陶罐煮茶，不走茶味，用金属罐煮茶，有损茶性。

（三）品饮方式

当地人的饮茶方式多种多样，在城市人们习惯于清茶泡饮，在牧区人们习惯于奶茶煮饮。而在众多的饮茶方式中，最为奇特的是喝罐罐茶。

由于罐罐茶的用茶量大，又是经熬煮而成的，所以茶汁甚浓，口感又苦又涩。对长期生活在那里的人们来说，早已习惯了这种味道。一般在上午上班前和下午下班后，都得喝上几杯罐罐茶。他们认为，只有喝罐罐茶才过瘾。喝罐罐茶有四大好处：提精神、助消化、去病魔、保健康。

十三、德昂族与景颇族的腌茶

（一）区域分布

德昂族人主要居住在云南省潞西、镇康等地，景颇族主要居住在陇川、潞西等地。当地人习惯食用腌茶，也是一种以茶为菜的食茶方式。当地气候炎热潮湿，食用腌茶，又香又凉，特别爽口。

（二）制作方法

德昂族一般在雨季腌茶，鲜叶采下后立即放入灰泥缸内，压满为止，然后用很重的盖子压紧，数月后将茶取出，再与其他香料相拌后食用。还有一种腌茶方法稍微复杂一些，与汉族民间腌咸菜基本相同，先把采来的鲜嫩茶叶洗净，再加上辣椒、盐巴，拌和后放入陶缸内，压紧盖严，存放几个月后，成为"腌茶"，取出即可当菜食用。

景颇族的腌茶叫"竹筒腌茶"，做法是先将茶鲜叶用锅煮或蒸，待茶叶变软后放在竹帘上搓揉，然后装入大竹筒里，并用木棒压紧，筒口用竹叶堵塞，将竹筒倒置，滤出筒内茶叶水分，两天后用灰泥封住筒口，经两三个月后，筒内茶叶发黄，剖开竹筒，取出茶叶晾干后装入罐中，加香油浸腌，可以直接当菜食用，也可以加蒜或其他配料炒食。

十四、基诺族的凉拌茶

（一）区域分布

基诺族主要分布在我国云南西双版纳地区。他们有一种非常奇特的凉拌茶，基诺族人称之为"拉拔批皮"，即使在云南众多的民族所食用的茶中也是独树一帜的。

（二）制作方法

从茶树上采下的鲜嫩新梢，用洗净的双手稍用力搓揉，将嫩梢揉碎，放入清洁的碗内，再将黄果叶揉碎，辣椒切碎，连同食盐适量投入碗中。最后，加少许泉水，用筷子搅匀，静置15分钟左右，即可食用。此凉拌茶，苦、酸、辣、咸都有一点点，食后特别清心提神。

凉拌茶实际上是以茶为菜，是一种较为原始的食茶方法的遗留。听基诺族的老人讲，基诺族祖祖辈辈相传，一直食用这种凉拌茶。对于生活在深山老林里的基诺人来说，凉拌茶确实是一种极好的保健食品，可解渴生津、益肾补脾，还能防治感冒和肠胃等疾病。

思考题

1. 试述茶礼和茶俗的关系。
2. 试述中国各地茶馆的特点。
3. 谈谈你对土家族擂茶的认识。

参考文献

[1] 王玲. 中国茶文化 [M]. 北京：九州出版社，2009.

[2] 黄志根. 中华茶文化 [M]. 杭州：浙江大学出版社，2000.

[3] 赵艳红. 茶文化简明教程 [M]. 北京：北京交通大学出版社，2013.

[4] 余悦. 中华茶艺（上）：茶艺基础知识与基本技能 [M]. 北京：中央广播电视大学出版社，2014.

[5] 徐晓村. 中国茶文化 [M]. 北京：中国农业大学出版社，2005.

【在线微课】

2-1 中华民族的茶饮习俗

2-2 茶馆——谈天说地的民间沙龙

2-3 中国饮茶区域风情

第三章 茶的文学与艺术

中国是茶的故乡，几千年浩瀚的文学艺术领域中，茶的身影出现在诗词、散文、小说、歌舞、书法、绘画等之中，形成了我国灿烂辉煌的茶文化艺术世界。

第一节　茶与诗文

一、茶与诗歌

茶诗，是指以茶为主要题材的诗歌，一般分为广义和狭义两类：广义的茶诗是指所有涉及茶的诗歌；狭义的茶诗单指主题是茶的诗歌。现在，我们通常所指的茶诗，多是以广义而言。这些茶诗主要有以下几个特点。

（一）历史久远，成就显著

1. 唐以前的茶诗

在中国，茶入诗很早，我国第一部诗歌总集《诗经》中有"谁谓荼苦，其甘如荠"。然而，学术界对这里的"荼"字说法不一，一种认为是茶，一种认为是一种苦菜。如果暂且不谈《诗经》，那么西晋时期左思的《娇女诗》、张载的《登成都白菟楼》等是现存我国最早的茶诗了。这一时期，茶诗的总体风格朴素率真，生活气息浓郁。

2. 唐朝茶诗

"自从陆羽生人间，人间相学事新茶。"陆羽《茶经》的问世，使得饮茶之风在全国盛行，街头店铺煎茶卖茶，"不问道俗，投钱取饮"（《封氏闻见录》）。王公贵族、文人墨客经常举行茶宴、茶会，饮茶逐渐走入他们的生活，因此也涌现了大批以茶为题材的诗篇。据统计，唐朝有180多位诗人创作了665篇茶诗。

3. 宋朝茶诗

"茶兴于唐而盛于宋"，两宋时期，由于朝廷的提倡，饮茶，贡茶、斗茶之风大兴。因此，关于茶的诗词骤然增多，涌出了许多茶诗创作的大家，如北宋中期的著名诗人梅尧臣、欧阳修、王安石、苏轼，后期的黄庭坚；南宋的陆游、范成大、杨万里。茶诗在这些诗人的诗词作品中往往都占很大的比例。如梅尧臣单在《宛陵先生集》中就有茶诗词25首；陆游曾写下397首茶诗词，并以陆羽自比；苏轼也有茶诗词85首。宋朝的茶诗词既反映了诗人们对茶的挚爱，又反映出茶在人们文化生活中的地位。

4. 元明清茶诗

元明清时期，无论是茶叶的消费和生产，还是饮茶技艺和品味，都有了很大的提升。茶更加深入平民百姓中，茶馆、茶楼广泛兴起，饮茶成为友人聚会、人际交往的重要媒介。各种茶会活动盛行于宫廷内外、文人雅士阶层，甚至在宗教界开展起来。这一时期，戏曲、小说逐渐取代了诗歌的文学主体地位，诗歌创作总量渐趋下降。明朝文徵明创作的茶诗数量最多，有150多首；清朝厉鹗的创作也颇为丰富。

5. 当代茶诗

随着新中国的成立，自20世纪50年代起，茶叶生产飞速发展，尤其是20世纪80年代以来，茶文化活动兴起，茶诗词的创作亦呈现一派繁荣兴旺的景象。

（二）数量众多，题材广泛

中国茶诗兴盛于唐，在宋朝达到顶峰，历代都有佳作。据统计，保留于世的古今茶诗词，至少在万首以上。茶诗词不但数量多，而且题材广泛，从茶树栽培到育种，从鲜叶采摘到制作，从碾磨烹煮到煎沏品饮，乃至器具、择水、茶礼、茶俗等，无所不包。

1. 描写名茶的诗

（1）

答族侄僧中孚赠玉泉仙人掌茶

李 白

常闻玉泉山，山洞多乳窟。

仙鼠如白鸦，倒悬清溪月。

茗生此中石，玉泉流不歇。

根柯洒芳津，采服润肌骨。

丛老卷绿叶，枝枝相接连。

曝成仙人掌，似拍洪崖肩。

举世未见之，其名定谁传。

宗英乃禅伯，投赠有佳篇。

清镜烛无盐，顾惭西子妍。

朝坐有余兴，长吟播诸天。

李白用雄奇豪放的诗句，对盛唐时产自今湖北省当阳市玉泉寺一带的名茶仙人掌茶的出处、品质、功效做了生动详尽的描述，这些诗句成为重要的历史资料。《答族侄僧中孚赠玉泉仙人掌茶》也是唐诗中最早吟咏名茶的诗篇。

（2）

龙凤茶

王禹偁

样标龙凤号题新，赐得还因作近臣。

烹处岂期商岭外，碾时空想建溪春。

香于九畹芳兰气，圆似三秋皓月轮。

爱惜不尝惟恐尽，除将供养白头亲。

王禹偁（954—1001），字元之，济州巨野（今山东菏泽市巨野县）人，北宋诗人。王禹偁是较早吟咏龙凤团茶的诗人。

《龙凤茶》是王禹偁获赐名贵贡茶后，万分珍惜写的诗。开头两句写龙凤茶的别致和新鲜，以及得到赏赐贡茶后的感恩之情。接下来，诗人描写了自己美好的想象：烹茶时用商山名泉；碾茶时看见建溪春色。然后，写了团茶带给自己的真实感受：味道比大片芳兰草还香，形状仿佛深秋里的一轮明月。全诗结尾，道出了对龙凤茶的珍惜，自己舍不得多尝，唯恐很快喝完，要把这些天赐珍品留下来给双亲享用。诗人将爱茶之心与孝敬父母之心联结，使全诗的情感得到进一步的升华。

描写名茶的诗篇还有梅尧臣的《七宝茶》、苏轼的《月兔茶》、苏辙的《宋城宰韩秉文惠日铸茶》及欧阳修的《双井茶》等。

2. 描写品茶的诗

（1）

与赵莒茶宴

钱 起

竹下忘言对紫茶，全胜羽客醉流霞。
尘心洗尽兴难尽，一树蝉声片影斜。

钱起（约 720 —约 782），字仲文，吴兴（今浙江湖州一带）人，唐朝诗人。这首诗描绘的是作者与友人赵莒在竹林举行茶宴。全诗采用白描的手法，写他们在翠竹下品饮紫笋茶，饮后感觉欲念全消，脱离红尘，而茶兴却更浓，耳边唯有满树的蝉声，直到一片树影已悄然西斜。作者最后以象征高洁的蝉为意象，使全诗所烘托的闲雅志趣愈加强烈。

（2）

茗饮

元好问

宿醒来破压觥船，紫笋分封入晓煎。
槐火石泉寒食后，鬓丝禅榻落花前。
一瓯春露香能永，万里清风意已便。
邂逅化胥犹可到，蓬莱未拟问群仙。

元好问（1190 —1257），字裕之，号遗山，忻州秀容（今山西忻州）人，金末元初著名诗人。这首诗写出了诗人品茗后的美好感受：一杯春露般的茶汤，在诗人心中永久留香；随之而来的是万里清风的感觉，更使他心旷神怡。

描写品茶的诗还有刘禹锡的《西山兰若试茶歌》、陆游的《啜茶示儿辈》等。

3. 描写烹茶的诗

奉同六舅尚书咏茶碾煎烹三首

黄庭坚

其一

要及新香碾一杯，不应传宝到云来。

碎身粉骨方余味，莫厌声喧万壑雷。

其二

风炉小鼎不须催，鱼眼长随蟹眼来。

深注寒泉收第一，亦防枵腹爆干雷。

其三

乳粥琼糜雾脚回，色香味触映根来。

睡魔有耳不及掩，直拂绳床过疾雷。

黄庭坚（1045—1105），字鲁直，号山谷道人，晚号涪翁，洪州分宁（今江西省九江市修水县）人，北宋著名文学家、书法家。黄庭坚极为爱茶又通达禅理，是极少的真正得到禅宗内部认可的文人，作诗往往信手拈来，尽显茶禅一味家风。《奉同六舅尚书咏茶碾煎烹三首》不仅全面记录了碾、煎、烹的过程，色香味触映根、拂绳床而过的佛学意蕴尤其耐人寻味。

描写烹茶的诗还有白居易的《山泉煎茶有怀》、皮日休的《煮茶》、苏轼的《汲江煎茶》、蔡襄的《即惠山泉煮茶》、陆游的《雪后煎茶》、文徵明的《煎茶》等。

4. 歌颂茶的诗

喜园中茶生

韦应物

洁性不可污，为饮涤尘烦。

此物信灵味，本自出山原。

聊因理郡余，率尔植荒园。

喜随众草长，得与幽人言。

韦应物（约737—约791），京兆万年（今陕西西安）人，唐朝诗人。"洁性不可污，为饮涤尘烦"是赞美茶性高洁，不容半点玷污，可涤荡世俗烦恼。此物滋味美妙，原本生长在高山原野，因处理郡务尚有余暇，便随意栽在荒园中。惊喜的是茶树竟然随着众草生长起来了，已经能与诗人交流对话了。诗人认为茶是善解人意的挚友，可以洗涤灵魂，以获得淡泊明志的高雅情趣。

　　歌颂茶的还有齐己的《咏茶十二韵》、苏轼的《次韵曹辅寄壑源试焙新茶》、周必大的《酬五咏》等。

（三）独具匠心，体裁多样

1. 宝塔茶诗

一字至七字诗·茶

元　稹

茶。

香叶，嫩芽。

慕诗客，爱僧家。

碾雕白玉，罗织红纱。

铫煎黄蕊色，碗转曲尘花。

夜后邀陪明月，晨前命对朝霞。

洗尽古今人不倦，将知醉后岂堪夸。

　　作者元稹（779 — 831），字微之，河南河内（今河南洛阳）人，居京兆万年（今陕西西安），著名诗人。元稹的这首《一字至七字诗·茶》为杂体诗，是从一字至七字。此种形式的诗，又称"宝塔诗"，每句或每两句字数依次递增一个字，不但在茶诗中颇为少见，在其他题材的诗中也不多。元稹的这首诗虽然在格局上受到"宝塔诗"的限制，但是诗人仍然把茶、诗客、僧家及饮茶的妙趣描绘得淋漓尽致。

　　诗中开头，用"香叶""嫩芽"来赞茶质优，接着写茶受诗客与僧家爱慕。"碾雕白玉，罗织红纱。铫煎黄蕊色，碗转曲尘花"写茶的外形和碾磨，煎茶及茶汤的色泽、形态。最后夸茶"洗尽古今人不倦"功效。这首诗叙述了茶的品质、人们对茶的喜爱、饮茶习惯以及茶叶的功用。看后不但新奇有趣，而且韵味悠长，实为佳作。

2. 回文茶诗

记梦回文二首并叙

苏 轼

十二月二十五日，大雪始晴。梦人以雪水烹小团茶，使美人歌以饮，余梦中为作回文诗，觉而记其一句云乱点余花唾碧衫，意用飞燕故事也。乃续之，为二绝句云。

【其一】

酡颜玉碗捧纤纤，乱点余花唾碧衫。

歌咽水云凝静院，梦惊松雪落空岩。

【其二】

空花落尽酒倾缸，日上山融雪涨江。

红焙浅瓯新火活，龙团小碾斗晴窗。

回文茶，是一种特殊的诗体，全诗字句顺读、逆读皆可成诗。

苏轼的这首回文诗无论顺读、逆读皆可成篇，而且整首诗的含义相同，既有鲜明的人物和环境气氛，又有精细、生动的茶事描绘。全诗充满了作者对茶的一片痴情。

3. 寓言茶诗

用寓言的形式写茶诗，读来引人联想，发人深思。唐朝王敷写了一首《茶酒论》，以诗的形式，"暂缺问茶之于酒，两个谁有功勋？"茶与酒以对话的方式，各述己长，攻击彼短。正当争辩难分高下之时，水出来说话了，"汲井烹茶归石鼎，纱泉酿酒注银瓶。两家且莫争闲气，无我调和总不能"。这些记述，读来颇有风趣。茶人、酒客各有所爱，关键是掌握一个"度"，无论是饮茶还是喝酒，都应该做到科学、合理。

4. 联句茶诗

联句，古代诗歌形式之一，由两人或多人联句成篇。

在中国茶事联句诗中，最享盛名的是由唐代官至吏部尚书的颜真卿，以及同时代的浙江嘉兴县尉陆士修、史馆修撰张荐、庐州刺史李萼、崔万和皎然等六人合写的《五言月夜啜茶联句》。

五言月夜啜茶联句

泛花邀坐客，代饮引情言。（陆士修）
醒酒宜华席，留僧想独园。（张荐）
不须攀月桂，何假树庭萱。（李崿）
御史秋风劲，尚书北斗尊。（崔万）
流华净肌骨，疏瀹涤心原。（颜真卿）
不似春醪醉，何辞绿菽繁。（皎然）
素瓷传静夜，芳气满闲轩。（陆士修）

诗中描写的是月夜饮茶的情景，诗题虽为啜茶，句中却未见一个茶字，各人别出心裁，用了一些与饮茶相关的如"泛花""醒酒""流华""不似春醪""素瓷""芳气"等词，全诗从头至尾描写了茶所带来的各种美妙感受，堪称中国茶诗中的一朵奇葩。

（四）佳作连篇，影响深远

茶诗中最有影响力的，当数卢仝的《走笔谢孟谏议寄新茶》。

走笔谢孟谏议寄新茶

卢 仝

日高丈五睡正浓，军将打门惊周公。
口云谏议送书信，白绢斜封三道印。
开缄宛见谏议面，手阅月团三百片。
闻道新年入山里，蛰虫惊动春风起。
天子须尝阳美茶，百草不敢先开花。
仁风暗结珠琲瓃，先春抽出黄金芽。
摘鲜焙芳旋封裹，至精至好且不奢。
至尊之余合王公，何事便到山人家。
柴门反关无俗客，纱帽笼头自煎吃。
碧云引风吹不断，白花浮光凝碗面。
一碗喉吻润，两碗破孤闷。
三碗搜枯肠，唯有文字五千卷。
四碗发轻汗，平生不平事，尽向毛孔散。
五碗肌骨清，六碗通仙灵。

七碗吃不得也，唯觉两腋习习清风生。

蓬莱山，在何处？玉川子，乘此清风欲归去。

山上群仙司下土，地位清高隔风雨。

安得知百万亿苍生命，堕在巅崖受辛苦。

便为谏议问苍生，到头还得苏息否？

卢仝（约 775 — 835），唐朝诗人，自号玉川子。

这首诗分为三部分，第一部分诗人从军将打门，收到他的姓孟的朋友（职务是谏议）差人送来的新茶写起，在珍惜喜爱之际，想到了新茶采摘与焙制的辛苦，得之不易，关闭柴门独自煎茶品尝。接着详细描写了饮茶七碗的感受，"一碗喉吻润"，这是物质效用，只起到了解渴润嗓的作用。"两碗破孤闷"，已经开始对精神发生作用了。三碗喝下去，神思敏捷，李白斗酒诗百篇，卢仝却三碗茶可得五千卷文字。四碗之时，人间的不平，心中的块垒，都用茶浇开。待到五碗、六碗之时，便肌清神爽，而有得道通神之感。对于卢仝而言，饮茶已不仅仅是口腹之饮，而是由心灵焕发出的广阔而丰富的精神活动。当饮到第七碗茶时，似乎大彻大悟，超凡脱俗，飘然欲仙了。接着他笔锋一转，便到第三部分，在自己喝得飘飘欲仙时还念念不忘老百姓的巅崖之苦，请孟谏议转达对亿万苍生的关怀与问候，真正体现了"为生民立命"的茶人精神。

卢仝用优美的诗句表达了对茶的深切感受，有接到友人赠新茶的珍惜和喜悦，有对山间初春采茶与烘焙的遥想，有以月喻茶饼的奇思，有独自煎茶的惬意。全诗最脍炙人口的是对"七碗茶"的吟咏，写出了人们饮茶的心理变化及感受到的愉悦。这首诗在茶文学中具有很高的地位，被称为《卢仝茶歌》或《七碗茶诗》，为后人广为传诵，成为吟咏茶事的千古名篇，卢仝也因这首诗被称为"亚圣"。

自卢仝之后，有许多诗人谈了饮茶后的感受，肯定了茶的作用。如唐代崔道融的《谢朱常侍寄贶蜀茶剡纸二首》之一"一瓯解却山中醉，便觉身轻欲上天"，指出茶能醒酒，饮后身轻体健；宋代苏轼的《赠包安静先生茶二首》"奉赠包居士，僧房战睡魔"，指出茶能提神；黄庭坚的《寄新茶与南禅师》"筠焙熟香茶，能医病眼花"，指出茶能治"眼花"之病；刘禹锡的《西山兰若试茶歌》"悠扬喷鼻宿醒散，清峭彻骨烦襟开"，指出茶能醒酒，也能去除烦恼；等等。

（五）创作者众，遍及各层

1. 皇帝与茶诗

乾隆皇帝爱茶，茶在他的生活中具有重要的地位。相传，当乾隆皇帝 85 岁要退位时，一位大臣谄媚地说："国不可一日无君啊。"乾隆皇帝则回答说："君不可一日无茶啊。"就是这位皇帝，撰写过几百首茶诗。他曾命制三清茶，并赋诗记之。乾隆皇帝六次南巡，游历杭州，踏赏龙井，题有多首龙井茶诗。

观采茶作歌

乾　隆

火前嫩，火后老，惟有骑火品最好。

西湖龙井旧擅名，适来试一观其道。

村男接踵下层椒，倾筐雀舌还鹰爪。

地炉文火续续添，乾釜柔风旋旋炒。

慢炒细焙有次第，辛苦工夫殊不少。

王肃酪奴惜不知，陆羽茶经太精讨。

我虽贡茗未求佳，防微犹恐开奇巧。

防微犹恐开奇巧，采茶揭览民艰晓。

乾隆皇帝南巡时在杭州天竺看到了乡民采制龙井茶，对炒茶之法颇有感触，于是就有了这首《观采茶作歌》。从采摘到制作，从古代到当今，全诗一气呵成，掌故信手拈来。乾隆对龙井茶推崇备至，在《坐龙井上烹茶偶成》中写道："龙井新茶龙井泉，一家风味称烹煎。……何必凤团夸御茗，聊因雀舌润心莲。"《再游龙井作》更是直抒胸臆："入目景光真迅尔，向人花木似依然。斯诚佳矣予无梦，天姥那希李谪仙。"皇帝写茶诗，这在中国茶文化史上是非常少见的。清代龙井茶风行天下，的确与乾隆皇帝的褒扬密切相关。

2. 僧人与茶诗

皎然（704—785），唐代诗僧，俗姓谢，字清昼，湖州人，是南朝谢灵运十世孙。皎然擅烹茶，作茶诗多篇。他在吟咏浙江嵊州所产剡溪茶的诗中，赞美剡溪茶清郁隽永的香气和甘露琼浆般的滋味，并生动地描绘一饮、再饮、三饮的感受，与卢仝的《七碗茶诗》有异曲同工之妙：

越人遗我剡溪茗，采得金牙爨金鼎。

素瓷雪色缥沫香，何似诸仙琼蕊浆。

一饮涤昏寐，情思朗爽满天地。

再饮清我神，忽如飞雨洒轻尘。

三饮便得道，何须苦心破烦恼。

皎然与陆羽因茶结缘，相交甚笃，常有诗文酬赠唱和。皎然寻访、送别陆羽或与之相聚的诗作，仅《全唐诗》所载即有 20 余首。"移家虽带郭，野径入桑麻。近种篱边菊，秋来未著花。扣门无犬吠，欲去问西家。报道山中去，归来每日斜。"皎然的这篇《寻陆鸿渐不遇》以简洁的笔触描绘出陆羽超然世外的隐士之风和自己对这位茶仙的仰慕之情。皎然与陆羽同住湖州妙喜寺时，陆羽曾在寺旁建一亭，因恰逢癸丑岁癸卯朔癸亥日落成，时任湖州刺史的大书法家颜真卿便名以"三癸亭"，皎然亦作诗相贺。陆羽筑亭，颜真卿题名，皎然作诗，世人将其誉为"三绝"而传为美谈。

3. 诗人与茶诗

（1）白居易与茶诗

白居易（772—846），字乐天，号香山居士、醉吟先生。白居易一生嗜好诗、酒、琴、茶，曾自誉为擅于鉴茶识水的"别茶人"。他的《琴茶》写道："琴里知闻唯《渌水》，茶中故旧是蒙山。穷通行止长相伴，谁道吾今无往还？"他和琴、茶是"穷通行止长相伴"，茶的馨香与琴的悠扬是诗人最舒心的享受。晚年的白居易更离不开茶，他说"老来齿衰嫌橘酸，病来肺渴觉茶香"。白居易谪居江州时，曾在庐山香炉峰遗爱寺旁自辟茶园种茶，他的《香炉峰下新置草堂，即事咏怀，题于石上》诗云："香炉峰北面，遗爱寺西偏。白石何凿凿，清流亦潺潺……架岩结茅宇，砍壑开茶园。"这些作品都表达了诗人享受饮茶乐趣和乐天安命的清趣之味。

（2）苏轼与茶诗

苏轼（1037—1101），字子瞻，号东坡居士，眉山（今属四川）人。苏轼的诗词文章，清新豪健，善用夸张比喻，在艺术表现方面独具风格。他是"唐宋八大家"之一。

在北宋文坛上，与茶结缘的人不可悉数，但是没有一位能像苏轼那样品茶、烹茶、种茶均在行，对茶史、茶功颇有研究，又创作出众多咏茶诗词的。

在《次韵曹辅寄壑源试焙新茶》诗里，将茶比作"佳人"：

> 仙山灵草湿行云，洗遍香肌粉未匀。
> 明月来投玉川子，清风吹破武林春。
> 要知冰雪心肠好，不是膏油首面新。
> 戏作小诗君勿笑，从来佳茗似佳人。

在苏轼的咏茶诗词中，最为脍炙人口的是《试院煎茶》：

> 蟹眼已过鱼眼生，飕飕欲作松风鸣。
> 蒙茸出磨细珠落，眩转绕瓯飞雪轻。
> 银瓶泻汤夸第二，未识古人煎水意。
> 君不见昔时李生好客手自煎，贵从活火发新泉。
> 又不见今时潞公煎茶学西蜀，定州花瓷琢红玉。
> 我今贫病长苦饥，分无玉碗捧蛾眉。
> 且学公家作茗饮，砖炉石铫行相随。
> 不用撑肠拄腹文字五千卷，但愿一瓯常及睡足日高时。

诗人借文字表达了对茶的痴情厚爱，只需要有一瓯好茶，喝饱睡足便是人生的最大乐趣。"独携天上小团月，来试人间第二泉"，也是苏轼为人传扬的诗句。

（3）陆游与茶诗

陆游（1125—1210），字务观，号放翁，越州山阴（今绍兴）人，南宋文学家、史学家、爱国诗人。陆游写的茶诗词达397首之多，是历代写茶诗词最多的诗人。陆游的茶诗包括的面很广，从诗中可以看出，他对江南茶，尤其是故乡茶的热爱。他常自比陆羽，自称桑苎家，如"我是江南桑苎家，汲泉闲品故园茶""桑苎家风君勿笑，它年犹得作茶神"及"遥遥桑苎家风在，重补《茶经》又一编"。陆游的咏茶诗词，实在也可算得一部"续茶经"。

有一些茶诗描写了陆游安于清贫、甘于寂寞的情怀，如《晚秋杂兴十二首》中写道：

> 置酒何由办咄嗟，清言深愧淡生涯。
> 聊将横浦红丝硙，自作蒙山紫笋茶。

这首诗描写了作者晚年生活清贫，无钱置酒，只得以茶代酒，自己亲自碾茶的情景。

南宋由于苟安江南，所以茶诗词中出现了不少忧国忧民、自节自励的内容。这也是陆游茶诗的特点之一，如他的《啜茶示儿辈》：

> 围坐团栾且勿哗，饭余共举此瓯茶。
> 粗知道义死无憾，已迫耄期生有涯。
> 小圃花光还满眼，高城漏鼓不停挝。
> 闲人一笑真当勉，小榼何妨问酒家。

这首诗融合了俭约自持的生活态度和积极强烈的爱国情怀，教育儿孙以茶自勉，并要有舍生取义、忠心报国的精神。

二、茶与赋

中国的茶文化能够流传至今，散文起到了很大的作用。从晋代杜育的《荈赋》开始，中国古代留下了大量的茶散文，如唐朝顾况的《茶赋》、吕温的《三月三日茶宴序》、裴汶的《茶述》，宋朝苏东坡的《叶嘉传》、唐庚的《斗茶记》，元朝杨维桢的《煮茶梦记》，明朝张岱的《陶庵梦忆》里的"闵老子茶""兰雪茶"，以及清朝梁章钜的《品茶》等和现代鲁迅的《喝茶》，都是流传于世的经典茶散文。

荈　赋

杜　育

灵山惟岳，奇产所钟。瞻彼卷阿，实曰夕阳。厥生荈草，弥谷被岗。承丰壤之滋润，受甘霖之霄降。月惟初秋，农功少休。结偶同旅，是采是求。水则岷方之注，挹彼清流。器择陶简，出自东隅。酌之以匏，取式公刘。惟兹初成，沫成华浮。焕如积雪，晔若春敷。

这首茶赋是音韵和谐、抑扬顿挫的骈文，第一次全面而真实地叙述了中国历史上有关茶树种植、培育，茶叶采摘、冲泡，以及茶器的制作等茶事活动，其学术价值超过了它的文学价值，是研究茶文化的珍贵资料。

三、茶与散文

（一）鲁迅：《喝茶》

鲁迅（1881—1936）是我国伟大的文学家、思想家和革命家，原姓周，幼名樟寿，字豫山，后改为豫才，1989年改名为树人。

鲁迅先生喜欢喝茶，对喝茶与人生有独到的见解，并且善于借喝茶来剖析社会和人生中的弊病。他有一篇名为《喝茶》的文章，写于1933年9月30日。

从文章中我们可以看出，鲁迅对喝茶并不讲究，只有在商场或是茶叶公司降价时才买回"二两好茶叶"。买回的茶叶，也不知如何冲泡，泡了一壶又一壶，因为怕茶冷得快，用棉袄包住茶壶。上好的茶叶，特别是嫩芽制成的绿茶，哪里禁得住这种泡法，难怪喝时，"味道竟和我一向喝着的粗茶差不多，颜色也很重浊"。这种泡法白白糟蹋了好茶叶。当然，鲁迅很快明白了错误所在，"喝好茶，是要用盖碗的，于是用盖碗，泡了之后，色清而味甘，微香而小苦，确是好茶叶"。不料，作者话锋一转，因忙于写作，茶在盖碗中久泡后的味道，又与粗茶无二。因此，作者发出了感叹："有好茶喝，会喝好茶，是一种清福，不过要享这清福，首先必须有工夫，其次是练出来的特别的感觉。"

这篇文章，鲁迅实际上想表达的不是茶，是由茶联想到人。能喝上好茶，并有福消受好茶的人，必定是有钱有闲之人。对于劳动者而言，当他口干欲裂的时候，"即使给他龙井芽茶、珠兰窨片，恐怕他喝起来也未必和热水有什么区别罢"。对于同样的东西，产生截然不同的感受，根本的原因，在于不同阶层的人处于不同的社会环境。

鲁迅的这篇文章，是对那些在国难当头还沉湎于闲情雅致的文人墨客的辛辣嘲讽。

（二）其他作家的散文

在文人笔下，茶味是复杂的，在一杯极其普通的茶中，各有各的喝法，也各有各的味道。

当代作家老舍、冰心、秦牧等都写过茶散文；还有贾平凹、张抗抗、李国文等这些我们熟悉的作家也都写过关于茶的散文。

当代茶散文的书出版了许多，如《清风集》《爱茶者说》《茶之趣》《一壶天地小如瓜》《品出五湖烟月味》《天心月在杯中圆》《清香四溢的柔软时光》《煎茶日记》《茶人茶话》《煮茶与品茗》《文人品茗录》等。

散文有着与生俱来的清新洒脱，阅读时就好像好茶品在口里，淡淡的甘香慢慢生出，久久萦绕在唇齿心头。

四、茶与小说

在中国小说的发展历程中，既有专门的茶事小说，又有小说中关于茶的描写。涉及茶的小说最早出现在东晋史学家干宝的《搜神记》中。唐朝随着茶文化的繁荣，茶事多进入逸事小说。宋元时期，茶事多见于笔记小说集。明朝时期，众多的章回体小说，都出现了描绘茶事的章节，如《金瓶梅》《水浒传》。清朝小说，如《聊斋志异》《镜花缘》《歧路灯》《儿女英雄传》《醒世姻缘传》《儒林外史》《官场现形记》《老残游记》等都有大量的茶事、茶馆的描写。

（一）《红楼梦》与茶

《红楼梦》是我国古典文学中的代表性作品，是了解中国封建社会的百科全书。作品中反映的社会现实与风俗习惯，涉及的典章制度与衣着风物，绚丽缤纷。以饮茶而言，书中言及茶事近300处，咏及茶的诗词联句有10余首。书中描写的形形色色的饮茶方式，丰富多彩的名茶品目，珍奇精美的古玩茶具以及讲究非凡的烹茶、泡茶用水，在我国历代文学作品中最为全面、丰富。通观全书，真是"一部《红楼梦》，满纸茶叶香"。

1. 栊翠庵妙玉论茶

《红楼梦》写到的众多茶事中，笔墨最重、最为典型的是第四十一回《栊翠庵茶品梅花雪　怡红院劫遇母蝗虫》中妙玉款待贾母一行饮茶的描写，这是极为讲究的品茶。妙玉不仅精于择茶选水，对茶具的选择也极其考究。

（1）选茶

妙玉将茶"捧与贾母。贾母道：'我不吃六安茶。'妙玉笑道：'知道，这是老君眉。'"这一问一答，道出了贾母对茶性的熟知。六安茶性寒，而老君眉，一说是洞庭君山银针茶，其味轻醇，适合老年人饮用，另一说为福建名茶，能消食解腻，因贾母刚吃了酒肉，喝老君眉正合适。妙玉熟知贾母脾性，又知晓贾母刚用过油腻的东西，所以贴心地奉上了老君眉。

（2）配具

妙玉按年龄、身份、性格和茶性，给每人安排了不同的茶具：一、给贾母配的是"成窑五彩小盖钟"，以"海棠花式雕漆填金'云龙献寿'的小茶盘"奉茶；二、给众人配的是一式的"官窑脱胎填白盖碗"；三、给宝钗配的是刻有"王恺珍玩""宋元丰五年四月眉山苏轼见于秘府"题款的"瓟瓟斝"，给黛玉配的是形似钵而小的"杏犀盉"，给宝玉配的先是绿玉斗，后又改为"一只九曲十环一百二十节蟠虬整雕竹根的一个大盏"。这些茶具可称得上精美珍奇、价值连城，体现出了主人的饮茶品位。

（3）择水

当妙玉将老君眉捧与贾母时，"贾母接过，又问'这是什么水'。妙玉道：'是旧年蠲的雨水。'"后来，妙玉招待宝、黛、钗时又用"五年前玄墓蟠香寺梅花上的雪水"来烹茶。古人认为，雨水、雪水，是"天泉"水，最适宜用来泡茶。

（4）品饮

妙玉对饮茶的一番议论是亦庄亦谐，意趣盎然："岂不闻一杯为品，二杯即是解渴的蠢物，三杯便是饮牛饮骡了。"饮茶有喝茶和品茶之分，喝茶注重物质享受，以解渴为目的，品茶注重精神愉悦，轻啜缓咽，个中滋味，不可言传。贾母接过妙玉捧与的老君眉，"吃了半盏"；宝玉捧过妙玉递给的"体己茶"，"细细吃了"，这些当属品茶。而刘姥姥接过贾母的半盏茶后，"一口吃尽"了，这自然就属于喝茶了。妙玉深谙茶道真谛，她的"一杯为品"的妙论为后来的茶人们所津津乐道。

2. 茶事类别

《红楼梦》众多的茶事描写中，大致可分为家常吃茶、客来敬茶和药用饮茶等几类。

（1）家常吃茶

林黛玉初到荣国府时，第一次用罢了饭，各有丫鬟用小茶盘捧上茶来，曹雪芹在此时写下这样一段话：当日林如海教女以惜福养身，云饭后务待食粒咽尽，过一时再吃茶方不伤脾。黛玉见贾府刚刚饭毕即奉上茶来，却"又见人捧过溯盂"，方才明白，原来这茶并非为饮用而设，于是也照样漱了口。及至盥手毕，又捧上茶来，这方是吃的茶。

贾府逢年过节搭台唱戏，每当众人看戏时都要送上茶来。公子、小姐们读书、写诗、下棋时，更是要有茶相伴。家常饮茶，处处可见。

（2）客来敬茶

客来敬茶，这是中国传统礼仪。黛玉初来贾府，王熙凤亲自捧茶；贾芸向宝玉请安，袭人端茶待客。

客来敬茶，有时还伴有茶点。第三回，黛玉初到贾府，王熙凤和黛玉见面说话时，"已摆了茶果上来，熙凤亲为捧茶捧果"。第八回，宝玉、黛玉探望生病的宝钗，"这时薛姨妈已摆了几样细茶果来，留他们吃茶。宝玉因夸前日在那府里珍大嫂子的好鹅掌鸭信。薛姨妈听了，忙也把自己糟的取了些来与他尝"。

（3）药用饮茶

第三十六回，林之孝家的听说宝玉"吃了面，怕停住食"，马上建议饮普洱茶，其功效自然是消食的。袭人、晴雯说已经吃过两碗的女儿茶，想必已起到此功效。

曹雪芹借《红楼梦》的故事，呈现了各种饮茶的方式及情调，把对茶的特别钟爱与深情，熔铸在他刻画的人物身上，反映出茶在明清时期已经成为中国社会各阶层生活中不可或缺的重要元素。

（二）《茶人三部曲》与茶

当代小说创作中，最具有代表性的是王旭烽的《茶人三部曲》，全书分为《南方有嘉木》《不夜之侯》和《筑草为城》三部。

《茶人三部曲》以杭州忘忧茶庄主人杭九斋家族四代人的命运沉浮为主线，以茶庄的兴衰起伏为背景，将中国茶业的命运、中华民族的命运置于小小的忘忧茶庄之中，将茶人的情怀、茶道精神集于以杭氏家族为代表的茶人身上，勾画出近现代和当代中国茶人的生命历程，展现了中国茶文化是中华民族精神的重要组成部分。

《茶人三部曲》是反映茶文化的鸿篇巨制，获1995年度国家"五个一工程"奖、国家"八五"计划优秀长篇小说奖，其第一卷和第二卷获第五届茅盾文学奖。

五、茶与楹联

楹联又称对联，是诗的语言、歌的旋律、画的意境、书法的神韵和篆刻的魅力的巧妙结合。其特点是字数相同，对仗均衡，节奏相称，平仄协调。茶被引入楹联，广泛运用于茶馆、茶楼、茶庄、茶艺馆、茶亭、茶乡及风景名胜等场合。据考证，茶联的出现大概在宋朝，但大量出现是在清朝。这些茶联，内容广泛，意义深刻，雅俗共赏，既宣传了茶叶功效，又给人带来联想，烘托气氛，弘扬文化，更增添了品茗情趣。

（一）郑板桥与茶联

郑板桥能诗会画，又懂茶趣、喜品茗，他的一生中曾写过许多茶联。在镇江焦山别峰庵求学时，就曾写过这样的茶联：

汲来江水烹新茗，买尽青山当画屏。

此联没有华丽的辞藻，简洁质朴，仅仅十四个字，却勾勒出焦山的自然风光，给人吟一联而览焦山风光之感。

郑板桥创作的茶联非常生活化，有画面感，具有亲和力。其中有一茶联写道：

扫来竹叶烹茶叶，劈碎松根煮菜根。

粗茶、菜根都是普通百姓日常生活中最常见的东西，这副茶联是乡村每日的生活写照，使人看了，既感到贴切，又觉得富含情趣。

郑板桥一生与墨有缘，又与茶有交，为此他也将茶与墨融进茶联：

墨兰数枝宣德纸，苦茗一杯成化窑。

（二）茶馆与茶联

在我国各地的茶馆、茶楼、茶室、茶叶店、茶座的门庭或石柱上，常可见到悬挂有以茶事为内容的茶联。茶联常给人古朴高雅之美和正气睿智之感，还可以给人带来联想，增加品茗情趣。

清朝乾隆年间，广东梅县叶新莲曾为茶酒店写过这样一副对联：

> 为人忙，为己忙，忙里偷闲，吃杯茶去；
> 谋食苦，谋衣苦，苦中取乐，拿壶酒来。

此联联语通俗易懂，辛酸中透着谐趣。

清朝广州著名茶楼陶陶居，以"陶陶"两字征联，一人应征写了一副：

> 陶潜善饮，易牙善烹，饮烹有度；
> 陶侃惜分，夏禹惜寸，分寸无遗。

此联将东晋名人陶潜、陶侃嵌入联中，"陶陶"二字嵌得自然得体。

今天的茶馆也有很多茶联，在杭州的"茶人之家"正门上，悬挂有一副茶联：

> 一杯春露暂留客，两腋清风几欲仙。

此联在道明以茶留客的同时，又言明了以茶清心、茶可使人飘飘欲仙的感受。

而进入院内，会客室的门柱上同样挂有一联：

> 得与天下同其乐，不可一日无此君。

这里全文并无"茶"字，但是道出了人们对于茶叶的喜好，以及主人"以茶会友"的热切心情。

北京前门的"老舍茶馆"门楼挂有一副茶联：

> 大碗茶广交九州宾客，老二分奉献一片丹心。

福建泉州一家茶馆，内有一副茶联：

> 小天地，大场合，让我一席；
> 论英雄，谈古今，喝它几杯。

（三）风景名胜与茶联

我国许多旅游胜地，也常常以茶联吸引游客。如五岳衡山望岳门外有一茶联：

> 红透夕阳，如趁余辉停马足；
> 茶烹活水，须从前路汲龙泉。

成都望江楼有一联，为清朝何绍基书写，取材于楼，镶嵌得体，形象地描述了望江楼：

　　　　　　　花笺茗碗香千载，云影波光活一楼。

（四）茶联欣赏

　　　　坐，请坐，请上座
　　　　茶，敬茶，敬香茶
　　　　欲把西湖比西子，从来佳茗似佳人　（宋·苏轼）
　　　　扬子江中水，蒙顶山上茶
　　　　客来茶香留舌本，睡雨书味在胸中　（宋·陆游）
　　　　泉从石出情宜冽，茶自峰生味更圆　（明·陈继儒）
　　　　烟锁池塘柳，茶烹凿壁泉　（明·陈子升）
　　　　作客思秋议图赤脚婢，品茶入室为仿长须奴　（清·杭世骏）
　　　　青松磊节承甘露，紫笋干云瀹醴泉　（清·沈铭彝）
　　　　焚香读画，煮茗敲诗　（清·赵福）
　　　　几净双钩摹古帖，瓯香细乳试新茶　（清·江恂）
　　　　拣茶为款同心友，筑室因藏善本书　（清·张廷济）

六、茶与谚语

　　谚语，是民间创作并在口头广为流传的一种简练、通俗而又富有哲理性的定型化语句。以茶为内容的谚语称为茶谚。茶谚是我国茶叶文化发展过程中派生出的又一文化现象。茶谚主要来源于茶叶饮用和生产实践，是一种茶叶饮用和生产经验的概括或表述，采取口传心记的办法来保存和流传。茶谚是我国茶文化和民间文学中的宝贵遗产。

　　茶谚就其内容来讲，包括茶的种植、采摘、生产、制作、饮用等方面。晋人孙楚作《出歌》："姜桂茶荈出巴蜀，椒橘木兰出高山。"这应该是最早的关于茶产地的记载。唐代陆羽《茶经》中就出现了茶谚的引录，《茶经·三之造》："茶之否臧，存于口诀。"这"口诀"就是茶谚。《茶经》中的"山水上，江水中，井水下"是关于煮茶用水的茶谚。"叶卷上，叶舒次"，"笋者上，芽者次"

是关于茶叶品质的茶谚。唐代末年苏廙《十六汤品》的"减价汤"中记述"谚曰'茶瓶用瓦，如乘折脚骏登高'"，谚曰就是茶谚说。元代农书《农桑衣食撮要》记载的"谚云'茶是草，箬是宝'"，以及《月令广义》引录的"谚曰'善蒸不若善炒，善晒不如善焙'"中的"谚云""谚曰"也都是茶谚说。

我国的茶谚历史源远流长，内容丰富多彩，形式三言两语，表述生动活泼，文字朴实无华，意境宽大深远，具有可研讨性。经收集分析，大致可归为以下几类。

（一）茶之技术，传授种茶、制茶的经验

1. 关于环境的

若要叶质嫩，不离雾与云。

高山云雾出好茶。

高山茶叶，低山茶籽。

土厚种桑，土酸种茶。

根深叶茂，本固枝荣。

2. 关于种植的

正月栽茶用手捺，二月栽茶用脚踏，三月栽茶用锄夯也夯不活。

茶树本是神仙草，只要肥多采不了。

稻要地平能留水，茶要土坡水不留。

3. 关于采摘的

头茶不采，二茶不发。

茶芽茶芽，早采早发，迟采迟发，滥采不发。

立夏茶，夜夜老，小满过后茶就草。

枣树发芽，上山采茶。

春茶时节近，采茶忙又勤。

（二）茶之地位，茶与人们的生活息息相关

开门七件事，柴米油盐酱醋茶。

宁可三日无盐，不可一日无茶。

一天三餐油茶汤，一餐不吃心里慌。

早茶一盅，一天威风。

（三）茶之泡饮，讲究择水、选具、泡饮的方法

扬子江中水，蒙顶山上茶。

龙井茶，虎跑水。

器为茶之父，水为茶之母。

水忌停，薪忌熏。

头茶苦，二茶涩，三茶好吃摘勿得。

（四）茶之保健，提倡饮茶有益健康

好茶一杯，精神百倍。

神农遇毒，得茶而解。

壶中日月，养性延年。

苦茶久饮，可以益思。

夏季宜饮绿，冬季宜饮红，春秋两季宜饮花。

饮茶有益，消食解腻。

不喝隔夜茶，不喝过量酒。

午茶助精神，晚茶导不眠。

吃饭勿过饱，喝茶勿过浓。

烫茶伤人，姜茶治痢，糖茶和胃。

药为各病之药，茶为万病之药。

空腹茶心慌，晚茶难入寐，烫茶伤五内，温茶保年岁。

投茶有序，先茶后汤。

春茶苦，夏茶涩。要好喝，秋露白。

隔夜茶，毒如蛇。

（五）茶之礼仪，提倡茶礼

客从远方来，多以茶相待。

好茶敬上宾，次茶等常客。

君子之交淡如水，茶人之交醇如茶。

（六）茶之明理，倡导修心美德

清茶一杯，亲密无间。

好茶不怕细品，好事不怕细论。

粗茶淡饭，细水长流。

当家才知茶米贵，养儿方知报家恩。

七、茶谜语

谜语是我国民间广为流传、历史悠久的具有民族风味的文字联想游戏，是暗藏事物或文字供人们猜测的隐语。茶谜是以茶为描写、欣赏对象，或以猜测与茶相关的事项为内容，对事物进行形象化的说明，让人们猜测答案的谜语。

有文字记载的所谓"曲折隐喻"的语言现象，可以追溯到黄帝时代《弹歌》里的"断竹，续竹，飞土，逐肉"，隐示人们制作弹弓、猎杀野兽的情形。有文字记载的茶谜，当数古代谜语家撷取唐代诗人张九龄《感遇》诗中"草木有本心"之句所配的"茶"字谜了。随着饮茶之风的流行，茶谜逐渐丰富和发展起来。

茶谜也分为谜面、谜底、谜目三个部分。谜面又叫喻体，把某事物比拟为他事物；谜底又叫本体，是事物本身；谜目是说明要猜的范围、格式及谜底的数量。例如，"人在草木中"是谜面，谜底是"茶"，谜目是"猜一个字"。

谜语的种类繁多，茶谜只是谜语的一个分支，数量较少，若分类太多会让人稍感繁杂，所以大体分为茶字谜、茶物谜、茶故事谜和其他类型茶谜。

（一）茶字谜

下面的茶字谜，各打一个字，并能组成两句话：

垂涎（谜底：活）

银川（谜底：泉）

外孙（谜底：好）

热水袋（谜底：泡）

草木人（谜底：茶）

分开是三个，合起来无数。（谜底：众）

巧夺天工（谜底：人）

有口说假话，有水淹庄稼。（谜底：共）

两人团结紧，力量顶三人。（谜底：唱）

只要留心，便能知道。（谜底：采）

一树能栖二十人。（谜底：茶）

相貌长得恶，六口两只角。（谜底：曲）

（二）茶物谜

茶物谜是采用形象思维方法，把谜底事物（茶）的特征、性质、功能等含蓄地隐藏在谜面里，常用拟人化的童话和歌赋等形式，读来朗朗上口、形象生动，如：

生在山上，卖到山下，一到水里，就会开花。（谜底：茶叶）

生在山里，死在锅里，埋在罐里，活在杯里。（谜底：茶叶）

生在青山叶儿蓬，死在湖中水染红。人爱请客先请我，我又不在酒席中。（谜底：茶叶）

颈长嘴小肚子大，头戴圆帽身披花。（谜底：茶壶）

一个坛子两个口，大口吃，小口吐。（谜底：茶壶）

一个小崽白油油，嘴巴生在额角头，见了客人乱点头。（谜底：茶壶）

人间草木知多少。（谜底：茶几）

山中无老虎。（谜底：猴魁茶）

风满城。（谜底：雨前茶）

（三）饮茶谜

关于饮茶的谜语，如：

言对青山说不清，二人地上说分明。三人骑牛无有角，一人藏在草本中。（谜底：请坐，奉茶）

孔明祭起东南风，周瑜设计用火功。百万雄兵推落水，赤壁江水都变红。（谜底：烹茶）

（四）茶故事谜

茶故事谜是用故事形式或采撷名人逸事作为民间文学的茶谜，情节曲折生动，引人入胜，加之巧构悬念，倍受人们的喜爱。

1. 和尚买茶

相传，古时江南一寺庙，住着一位嗜茶如命的老和尚，他与寺外一杂食店老板是谜友，平常喜好以谜会话。一天，老和尚茶瘾、谜兴大发，就叫哑巴小和尚穿上木屐，戴着草帽去找店老板取一物，店老板一看小和尚装束就迅速取茶叶一包让他带去。原来这是一道形象生动的"茶谜"，头上戴着草帽暗合"草"，脚下穿"木"屐为底，中间加上小和尚"人"，组合即是个"茶"字。

2. 纪昀茶谜救亲家

清朝，卢雅雨任两淮转运使时，广交宾朋，义结豪杰。家中常是宾客盈门，座无虚席，渐渐地财力不济，以致亏空甚多。朝廷决定抄家处罚，没收全部资财。当时卢的亲家纪昀正在朝廷为官，私下听说此事，急遣一心腹仆人漏夜赶往卢府送信。卢雅雨收信拆开一看，只见是一个空信封内装着少许茶叶和盐，此外别无他物，顿悟亲家所示，急忙将家财转移寄放他处。等到抄家时，家中资财已寥寥无几了。原来此信以茶代"查"，意即"茶（查）盐（指盐账）空（亏空）"。卢知事发，故转移财产。

第二节　茶与书画

一、茶与书法

唐代出现了许多与茶相关的书法作品，其中比较有代表性的有怀素的《苦笋帖》。宋代无论是在茶业上，还是在书法史上，都是非常重要的朝代，这一时期茶叶由饮用的实用性逐渐走向艺术性，因此涌现了许多作品，如苏轼的《一夜帖》、蔡襄的《精茶帖》、米芾的《苕溪诗卷》等。明代及以后，由于茶品种增多，饮茶除了讲究情趣外，更加多样化，茶书法创作题材也更加丰富。

（一）怀素《苦笋帖》

怀素（737—799，一说725—785），字藏真，俗姓钱，永州零陵（今湖南零陵）人，唐代书法家，以"狂草"名世，史称"草圣"。自幼出家为僧，经禅之暇，爱好书法。与张旭齐名，合称"颠张狂素"。

怀素的《苦笋帖》（图3.1），现藏于上海博物馆，是现存最早的茶事书法，他在绢本信札上写道："苦笋及茗异常佳，乃可径来。怀素上。"虽只有14个字，但其中娴熟的运笔功底与万变不离法度的神韵，无不令人仰慕。

（二）蔡襄、苏轼、黄庭坚、米芾与茶书法

宋代，茶人迭出，书家群起。茶叶由饮用的实用性逐渐走向艺术性，书法从重法走向尚意。蔡襄、苏轼、黄庭坚和米芾被称为"宋四家"，苏轼、黄庭坚、米芾都以行草见长，而蔡襄则喜欢工工整整的楷书，其书法浑厚端庄，淳淡婉美，自成一体。他们都精通茶道，对品茶、制茶以及茶的功效有独到的见解，许多著作和书法作品中都散逸着茶香。

蔡襄以督造小龙团茶和撰写《茶录》（图3.2）而闻名于世。而《茶录》本身就是一件书法杰作，共有两篇，前篇论茶，后篇论具，用小楷字书写，大约有800字，是重要的茶典之一，更是稀世墨宝。《精茶帖》（图3.3）亦称《暑热帖》，现藏于故宫博物院。此帖映带顿挫，随意而行，结构谨严而神采奕奕。中有"精茶数片，不一一。襄上"，印证了蔡襄和茶的不解之缘。

苏轼不仅书艺超群，且精茶道。苏轼的《一夜帖》（图3.4）是致友陈季常之手札，表达了虽远隔千里"却寄团茶一饼"共享茶香之情。

> 一夜寻黄居寀龙，不获，方悟半月前是曹光州借去摹榻，更须一两月方取得。恐王君疑是翻悔，且告子细说与，才取得，即纳去也。却寄团茶一饼与之，旌其好事也。轼白季常。廿三日。

此帖为行书，墨迹飘洒，笔法酣畅含蓄，读后如同品赏沁人肺腑之茶香。

图3.1　唐·怀素《苦笋帖》

图3.2　宋·蔡襄《茶录》

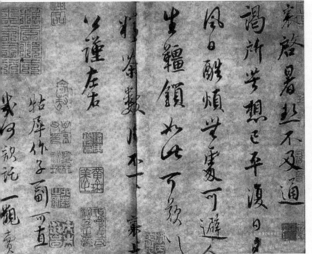

图3.3　宋·蔡襄《精茶帖》

图3.4　宋·苏轼《一夜帖》

　　黄庭坚，擅长行书、草书，开始拜周越为师，后来又受到颜真卿和怀素的影响，他的作品以侧险取势，纵横交错，自成一体，有一幅书法作品《奉同六舅尚书咏茶碾煎烹三首》（图3.5）（现藏于上海博物馆）。

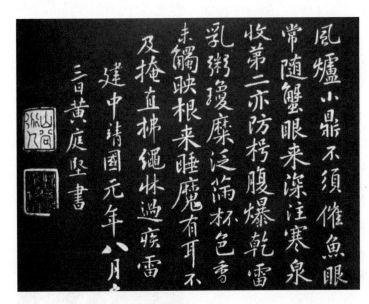

图3.5　宋·黄庭坚书法作品

　　米芾在苕溪游玩时所作的《苕溪诗卷》（图3.6）苍劲有力，但不张扬，有着一种成熟之美，其中的"懒倾惠泉酒，点尽壑源茶"抒发了诗人抑酒扬茶之情。

图3.6　宋·米芾《苕溪诗卷》

（三）徐渭《煎茶七类》

明代书法家徐渭（1521—1593），字文长，号天池山人、青藤道士等，山阴（今浙江绍兴）人。徐渭写了很多茶诗，还依陆羽之范，撰有《茶经》一卷，可惜已失传。与《茶经》同列于茶书目录的尚有《煎茶七类》（图3.7），上书茶事七类——一人品，二品泉，三烹点，四尝茶，五茶宜，六茶侣，七茶勋，并以书法艺术的形式表现过该文的内容。行书《煎茶七类》笔画挺劲而腴润，布局潇洒而不失严谨，是一幅茶事艺术佳作。

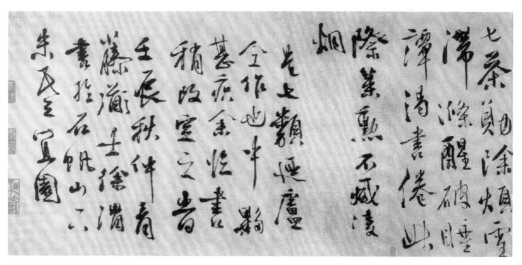

图3.7　明·徐渭《煎茶七类》部分

（四）郑板桥《竹枝词》

清代"扬州八怪"之一，杰出书画家郑板桥，有一卷自书七绝十五首墨迹（现

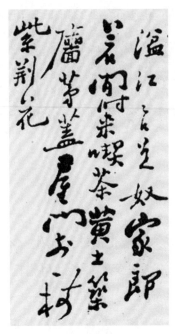

图3.8　清·郑板桥《竹枝词》

藏扬州博物馆），有两首诗是提到茶的，其中的一首（图3.8）云："溢江江口是奴家，郎若闲时来吃茶。黄土筑墙茅盖屋，门前一树紫荆花。"郑板桥的书法集楷、隶、行、草于一体，熔兰竹画法为一炉，其章法也是大小错落，上下左右互相响应，疏密相间，独具一格，后人称之为"乱石铺街"。

（五）吴昌硕《角茶轩》

吴昌硕是晚清民国时期著名书法大师，杭州西泠印社首任社长，他有一幅深沉雄健、石鼓文笔意甚浓的篆书横披，上书"角茶轩"（图3.9）三个大字。这是应其友人之请所书的斋室名，其落款很长，以行草书之，其中对"角茶"的典故、"茶"字的字形做了记述。"角茶"即"斗茶"，也称茗战，始于宋朝，是茶人品评茶叶质量优劣的一种手段，现在演变为一种高雅的艺术活动。

图3.9　清·吴昌硕《角茶轩》

现代书法家也有不少人十分爱好茶书法，如郭沫若、赵朴初、启功等。在茶事活动中经常同时进行茶诗、茶画、茶书法的交流。

二、茶与印章

书法艺术的一个分支——篆刻艺术，是一种书法与雕刻相结合的印章艺术。我国的篆刻艺术历史悠久，在春秋战国时期，印章就开始盛行。在汉朝，印章艺术已经达到了一个很高的境界。元朝开始使用石章，书家篆印、刻工刻印的历史结束了。明清时期出现了很多篆刻人，篆刻蓬勃发展起来，所表现的内容也不局限于地名、官名、姓名等，而是多采用诗词、警句、格言等作为表现内容，这就是所谓的"闲章"。随着"闲章"的兴起，茶的篆刻艺术也与书画、诗歌一样展示出它独有的芳韵。

（一）乾隆："一瓯香乳听调琴"

清朝乾隆皇帝有一枚闲印"一瓯香乳听调琴"（图3.10），曾钤于明代画家文伯仁的《金陵十八景册》。印章中所指的香乳是用安徽省怀远县城里的白乳泉的水煮的茶，茶味香浓醇厚，此泉被苏轼誉为天下第七泉。"一瓯香乳听调琴"说的是文人雅士品茶、弄琴的闲情逸趣。

图3.10 清·乾隆"一瓯香乳听调琴"

（二）黄易："茶熟香温且自看"

清朝著名篆刻家黄易刻有一方印"茶熟香温且自看"（图3.11），朱文印。此印方硬茂劲，结构工稳生动。印文一边刻有李竹懒的诗"霜落蒹葭水国寒，浪花云影上渔竿"，另一边为百余字的长跋，介绍李竹懒其人其事，为此印平添了许多艺术趣味。

（三）刘墉："赐衣传茶"

乾隆年间任体仁阁大学士的刘墉在《姜宸英草书刘墉真书合册》中有一方"赐衣传茶"

图3.11 清·黄易"茶熟香温且自看"

图3.12 清·刘墉"赐衣传茶"

图3.13 清·徐三庚
"家在江南第二泉"

图3.14 清·赵之谦"茶梦轩"

的红白相间印（图3.12）。据考证，刘墉刻此印可能是为纪念乾隆十六年考中进士时皇帝的赐衣传茶，也可能是在任时受到皇帝恩宠而刻下的。此印文布局别具一格，"赐衣传茶"四个字中，仅"衣"字是朱文，其余三个字皆白文。朱白色彩对比强烈，十分醒目，刀法、篆意古朴秀丽，极具情趣。

（四）徐三庚："家在江南第二泉"

清代篆刻家徐三庚刻有一方"家在江南第二泉"的朱文方印（图3.13）。此印篆文共七字，其中"二"字以最简的笔画、最少的占位布局于"家""泉"二字之间，在笔画多寡悬殊、字数又为单数的情况下章法紧凑、浑然一体，其篆刻线条精细圆转、刚健，竖笔略带弧形，使其严谨之小篆笔意顿呈婀娜动态，有妍丽逸秀之美。

徐三庚的家乡在无锡惠山，那里的惠山泉水质甘甜清澈，被唐代陆羽评为"天下第二泉"。北宋苏轼留下了"独携天上小团月，来试人间第二泉"的诗句。元代大书法家赵孟𫖯曾为惠山泉书写的"天下第二泉"五个大字，至今仍完好地保存在泉亭的后壁上。徐三庚镌刻此印，不但因惠山是其家乡备感亲切，同时为第二泉历史上流传的诸多茶情佳话而深感自豪。

（五）赵之谦："茶梦轩"

清代著名书画家、篆刻家赵之谦篆刻成就巨大，对后世影响深远。他的作品"茶梦轩"（图3.14）（现藏于上海博物馆），为白文印，篆刻的字是减去一笔的今之"茶"字。此印章法，虚实对比强烈，线条匀实，用刀稳健，结字朴茂，有汉印遗风。另有一则边款："说文无茶字，汉茶宣、茶宏、茶信印皆从木，与茶正同，疑茶之为茶，由此生误。㧑叔。"从"茶梦轩"边款对茶字的考据中，可以看到赵之谦严谨的态度和广博的学识，以及精益求精的精神。而"茶"字在汉印中减一画成"茶"字，可以说是赵之谦的发明。

三、茶与绘画

茶入画，是有关茶事在画中的反映，也是茶风茶俗诗情画意式的艺术表达。中国茶画的出现大约是在盛唐时期。唐代的绘画以宗教画与人物画为主流，相关茶事画作，也是以人物为主，描绘宴会、娱乐等场景虽有饮茶内容，但未能反映茶的内涵。宋代由于茶文化的兴盛，茶事内容经常出现在社会风俗或山水、人物等题材的画作中。元明以后，茶专题绘画形式与内容逐渐丰富起来。清朝以后茶绘画作品与其他艺术都十分可观。

（一）最早的茶画：《萧翼赚兰亭图》

作者阎立本（约601—673），雍州万年（今陕西西安临潼）人，唐代政治家、大画家，与其父阎毗、兄阎立德三人并以工艺、绘画闻名于世。

《萧翼赚兰亭图》（图3.15）是现存世界上最早的茶画。此图描绘了唐太宗御史萧翼从王羲之第七代传人僧智永的弟子辩才的手中，将"天下第一行书"《兰亭集序》骗走，献给唐太宗的故事。画面中有5个人物，神态刻画惟妙惟肖，成功地展现了人物的内心世界。整个画面表情逼真，刻画细腻，再现了唐代烹茶、

图3.15　唐·阎立本
《萧翼赚兰亭图》

饮茶所用的茶器具以及烹茶的方法和过程。此画成为唐代茶事的图画资料。

（二）最早的仕女饮茶图：《调琴啜茗图》

《调琴啜茗图》（图3.16）作者周昉，字仲朗，京兆（今陕西西安）人，唐代著名画家。周昉擅长画仕女图，《调琴啜茗图》是现今可见最早的仕女饮茶图。

图中描绘了五位女性，其中三位贵族妇女、两位侍女。整个画面人物错落有致，布局疏密均匀。画中的贵族仕女曲眉丰肌，美丽多姿，衣着色彩雅妍明亮，反映了唐代崇尚丰肥的审美观。画中仕女听琴品茗的姿态也展示出唐代茶饮活动及贵族妇女的悠闲娱乐生活。

图3.16　唐·周昉《调琴啜茗图》

（三）宫廷仕女茶宴：《宫乐图》

《宫乐图》（图3.17）是唐代传世名作，现藏于台北故宫博物院。此图描绘了唐代宫廷仕女聚会饮茶的场面。画面中的人物皆宽额广颐，美服高髻，有的在品茗，有的在行酒令，有四人在奏乐助兴，还有一人轻敲拍板，为她们打节拍。这是典型的宫廷仕女自娱茶宴，反映了茶与音乐相融合的场景。

（四）文士茶宴：《文会图》

宋徽宗赵佶（1082—1135），在位25年，虽治国无方，却是位才华出众的风流天子，琴、棋、书、画、茶无所不精。书学黄庭坚，后自成一体，称为"瘦金体"。他精通茶艺，著有《大观茶论》。

《文会图》（图3.18）是公认的描绘茶宴的佳作，展示出宋代文人雅士的典型场景。整个画面似在一贵族园林中，以池水、山石、绿树等为背景，园中场地上置大方案，案周有十来文人，案上置果品、茶食、香茗。左下角有几位仆人正在烹茶，都篮、茶器、茶炉清晰可辨。茶案之后，花树之间又设一桌，上置香炉与琴。《文会图》证明文人饮茶活动已走向雅化，将茶宴与珍馐、插花、音乐、焚香等融为一体。

（五）碾茶、煮茶场景图：《撵茶图》

作者刘松年是南宋孝宗、光宗、宁宗三朝的宫廷画家，擅人物画，兼擅山水画，是"南宋四家"之一，在画史上占有重要地位。一生画有多幅茶画，其中流传于世的有《撵茶图》（图3.19）、《茗园赌市图》（两幅均藏于台北故宫博物院）和《卢仝烹茶图》。

宋代饮茶在饮用前需先将茶饼碾成粉，过筛后才冲点，《撵茶图》生动地再现了碾茶工序。图中可见碾茶、煮茶等茶事活动已经与文人的笔墨生活融为一体，成为文士生活的一部分。

图3.17　唐·佚名《宫乐图》

图3.18　宋·赵佶《文会图》

（六）斗茶图：《茗园赌市图》

刘松年的《茗园赌市图》（图 3.20）描绘的是民间斗茶的情景，画中有老人、壮年、妇女、儿童，一个个形象逼真，表情生动，茶乡斗茶情景跃然纸上。此画反映宋代民间斗茶情形，生动、细腻而又真实，既是一幅艺术杰作，也是考察品茗历史的珍贵参考资料。

图3.19　宋·刘松年《撵茶图》

图3.20　宋·刘松年《茗园赌市图》

（七）以茶会友：《惠山茶会图》

文徵明（1470—1559），原名壁（或作璧），长洲（今江苏苏州）人，明代画家、书法家、文学家。与唐寅、祝允明、徐祯卿并称为"吴中四才子"。

文徵明嗜茶，有自得自乐的闲情逸致。他的传世作品《惠山茶会图》（图 3.21）（现藏于北京故宫博物院）描绘清明时节，同好友游览无锡惠山，并在惠山山麓

图3.21　明·文徵明《惠山茶会图》

饮茶赋诗的情景。此画充满闲适、幽静、淡泊的气氛，反映了明代后期文人雅士"以茶会友"的艺术情趣。

　　茶文化与绘画存在着千丝万缕的关系，两者相互促进，共同推动了我国茶文化及绘画艺术的蓬勃发展。

第三节　茶与歌舞

一、茶歌

　　茶歌是在茶叶生产、饮用过程中产生的。茶歌的来源主要有三种：第一种是由诗改编的歌，文人创作的茶诗谱上曲就成了茶歌；第二种是民谣，民谣中有很多关于茶事的，这些茶谣经过文人整理配曲就成了茶歌；第三种是茶农和茶工自己创作的民歌或山歌，这种茶歌没有经过专门整理，原汁原味。

　　文人创作的茶歌，最早的是陆羽茶歌，但已失传。在《全唐诗》中能找到的有诗僧皎然的《茶歌》、卢仝的《走笔谢孟谏议寄新茶》、刘禹锡的《西山兰若试茶歌》等。

　　另一种由民谣演化而来的茶歌，代表有明代正德年间浙江杭州富阳一带流行的《富阳江谣》，其歌词曰：

　　　　富阳江之鱼，富阳山之茶，鱼肥卖我子，茶香破我家。采茶妇，捕鱼夫，官府拷掠无完肤。皇天本圣仁，此地一何辜？鱼兮不生别县，茶兮不出别都。富阳山，何日摧？富阳江，何日枯？山摧茶亦死，江枯鱼始无！山难摧，江难枯，吾民何以苏！

　　歌词通过一连串的问句，唱出了富阳百姓的疾苦，控诉了贡茶的罪恶。此事被当时的浙江按察金事韩邦奇得知，呈报了皇上，却被皇上怒斥，反以"引用贼谣，图谋不轨"之罪，将韩邦奇革职为民，险些送了性命。

　　茶歌主要来源于茶农和茶工自己创作的民歌和山歌。早在清代，李调元的《粤东笔记》便有记载：

粤俗岁之正月，饰儿童为彩女，每队十二人，持花篮，篮中燃宝灯，罩一绛纱，以为大园，缘之踏歌，歌十二月采茶。有曰：二月采茶茶发芽，姊妹双双去采茶，大姐采多妹采少，不论多少早还家……

在我国有些地区，未婚青年男女以对茶歌形式进行娱乐，亦是男女恋爱择偶的手段，称为"踏歌"。如湘西一带的少数民族，未婚男女以"踏茶歌"的形式举行订婚仪式。通常在夜半时分，小伙子和姑娘来到山间对歌传情，歌曰："小娘子叶底花，无事出来吃碗茶……"这时，姑娘便会根据自己的心意编出茶歌与小伙子对答，相互试探或传递情意，歌声此起彼伏，甚至通宵达旦。如果经过对歌情投意合便进一步"下茶"，女家一接受"茶礼"便被认为是合乎道德的婚姻了。

在我国民间，流行的茶歌很多，如《光绪永明志》卷三便载有一首《十二月采茶歌》：

……
二月采茶茶发芽，姊妹双双去采茶。
姐采多来妹采少，采多采少早回家。
三月采茶茶叶青，娘在房里绣手巾。
两头绣出茶花朵，中间绣起采茶人。
……

这首茶歌与《粤东笔记》所记的踏茶歌大体相仿，可见，湘、粤一带普遍流行踏歌习俗。

茶歌中有许多关于茶区劳动的歌、赞美茶叶的歌。如福建安溪的《日头歌》：

日头出来红绸绸，一片茶园水溜溜。满园茶丛乌加幼，春夏秋冬好丰收。

云南凤庆的茶歌：

口唱山歌手采茶，一心二用心不花。一芽二叶都下树，一首山歌一篮茶。

湖南古丈的《古丈茶歌》：

绿水青山映彩霞，彩云深处是我家。家家户户小背篓，背上蓝天来采茶。采串茶歌天上撒，好像天女在散花……

《中国歌谣集成·安溪卷》中收录了安溪茶歌 50 余首，歌咏劳作甘苦，感人至深。类似的茶歌在湖南、湖北、四川、广东、广西、浙江、江苏等省（区）的产茶区都有。还有一些茶歌，则反映了劳动的艰辛与愉快，如 1960 年的电影《刘三姐》中的采茶歌，歌咏了采茶姑娘的勤劳质朴、清新乐观，保留了民间茶歌的风貌。

> 三月鹧鸪满山游，四月江水到处流，
> 采茶姑娘茶山走，茶歌飞向白云头。
> 草中野兔蹿过坡，树头画眉离了窝，
> 江心鲤鱼跳出水，要听姐妹采茶歌。
> 采茶姐妹上茶山，一层白云一层天，
> 满山茶树亲手种，辛苦换得茶满园。
> 春天采茶茶抽芽，快趁时光掐细茶，
> 风吹茶树香千里，盖过园中茉莉花。
> 采茶姑娘时时忙，早起采茶晚插秧，
> 早起采茶顶露水，晚插秧苗伴月亮。

近年来，我国台湾地区还流行一些新编茶歌，似歌又似谚，对宣传茶的功能颇有作用，其中一首如下：

> 晨起一杯茶哟，振精神，开思路。
> 饭后一杯茶哟，清口腔，助消化。
> 忙中一杯茶哟，止干渴，去烦躁。
> 工余一杯茶哟，舒筋骨，消疲劳。

我国著名的茶歌还有《龙井谣》《江西婺源茶歌》《武夷茶歌》《安溪采茶歌》《采茶情歌》《想念乌龙茶》《大碗茶之歌》《前门情思大碗茶》等。

二、采茶舞

采茶舞，简称茶舞，是在采茶歌的基础上发展起来的。采茶舞史籍中记载很少，现在知晓的，是流行于我国南方各省的"茶灯"或"采茶灯"。茶舞是由歌、舞、灯所组成的民间灯彩，由八个或十二个娇童饰茶女，手擎茶灯唱《十二月采茶歌》，并跳采茶舞蹈。

茶舞具有浓郁的地域性，福建、广西、江西和安徽称之为"茶灯"，广西有的地方也称之为"壮采茶"和"唱茶舞"，江西也有称之为"茶篮灯"或"灯歌"的，在湖南和湖北它被称为"采茶"和"茶歌"。茶舞不仅各地名称不一，跳法也不同，一般是由一男一女或一男二女参加表演。舞者腰系绸带，男的持一钱尺（鞭）作为扁担、锄头，女的左手提篮，右手拿扇，边歌边舞，主要表现姑娘们在茶园的劳动生活。

我国的一些少数民族，也有一些茶歌舞。比如白族的三道茶，献茶者手中端着茶碗，在领舞者的带领下，边转边跳，把茶一一献给客人。维吾尔族也有敬茶舞，在舒缓的音乐声中，主人单掌上平放两只细瓷碗，盛半碗清茶，缓缓来到舞场上，上下左右，前前后后，平稳地扭转，两碗相碰不时发出清脆的"叮当"声。然后，主人微笑着，来到尊贵的客人或亲朋面前，恭敬地弯腰，献上茶。接碗人躬身致谢，从每只碗里喝上一口，仍将两碗放在一只手掌上，从左到右，从右到左，自转两圈，就可将茶转献给下一个人。一对小碗众手相传，绕遍全场。如果谁的接碗动作不娴熟，或洒出了茶水，要罚跳顶碗舞。在敬茶舞中，主客互动，气氛和谐，体现了维吾尔族人热情好客的民族个性。

三、采茶戏

采茶戏是戏曲的一种类别，流行于江西、湖北、湖南、安徽、福建、广东、广西等省（区）。采茶戏均由民间歌舞采茶调、采茶歌、采茶灯、花灯等发展而成，主要曲调和唱腔有"茶灯调""茶调""茶插"，曲牌有"九龙山摘茶"等。

采茶戏以江西最为著名，流传最广，支派也最多，有南昌采茶戏、武宁采茶戏、景德镇采茶戏、赣东采茶戏、高安采茶戏、吉安采茶戏、宁都采茶戏、赣南采茶戏、抚州采茶戏。此外，还有湖北黄梅采茶戏、通山采茶戏、阳新采茶戏，广东粤北采茶戏，广西采茶戏，等等。最具代表性的是赣南采茶戏，它不仅活跃于赣南，而且流行于粤北、闽西一带。它起源于江西安远县发龙山一带，是清朝嘉庆末年《九龙山摘茶》这出戏传到赣县以后发展而来的。它在原来单纯反映茶家劳动过程的基础上，增加了茶商朝奉告别妻子前往九龙山收购春茶途中落店、闹五更、上山看茶、赏茶、议价、送茶下山、搭船回程、团圆等情节。剧中人物由原来六人（四个茶女、一个茶童、一个茶娘）增添至更多人物。曲牌和吹打音乐更丰富，形成了固定唱腔，戏曲工作者根据其来源、风格、弦路、调式、使用情况等，将其分成"茶腔""灯腔""路腔""杂调"四大类，俗称"三腔一调"。

1.什么是茶诗？茶诗具有哪些特点？

2.列举诗词中的茶事作品两件，并说明其朝代、作者及作品所表现的主要内容。

3.列举书法中的茶事作品两件，并说明其朝代、作者及作品所表现的主要内容。

4.列举绘画中的茶事作品两件，并说明其朝代、作者及作品所表现的主要内容。

5.列举印章中的茶事作品两件，并说明其朝代、作者及作品所表现的主要内容。

6.收集五副你在现实生活中见到过的茶联。

7.采茶歌主要来源于哪几个方面？

8.查找《红楼梦》中关于茶俗的描写。

参考文献

[1] 余悦 . 图说中国茶文化 [M]. 西安: 世界图书出版西安有限公司 , 2014.

[2] 王梦石 , 叶庆 . 中国茶文化教程 [M]. 北京: 高等教育出版社 , 2012.

[3] 王玲 . 中国茶文化 [M]. 北京: 九州出版社 , 2009.

[4] 王建荣 , 周文劲 , 高虹 . 茶艺百科知识手册 [M]. 修订版 . 济南: 山东科学技术出版社 , 2008.

[5] 沈冬梅 , 张荷 , 李涓 . 茶馨艺文 [M]. 上海: 上海人民出版社 , 2009.

[6] 程启坤 , 姚国坤 , 张莉颖 . 茶及茶文化二十一讲 [M]. 上海: 上海文化出版社 , 2010.

[7] 钱时霖 , 姚国坤 , 高菊儿 . 历代茶诗集成：唐代卷 [M]. 上海：上海文化出版社 , 2016.

[8] 系列纪录片《拾遗·保护》之《茶知识》(视频资料). 天津电视台, 2017.

【在线微课】

3-1 茶与诗歌:
浅吟高歌总关情

3-2 茶与书画:
饱沾茶色写国饮

3-3 茶与歌舞:
载歌载舞青枝摇

第四章　茶的布席与茶艺

第一节　茶具通识

一、茶具的起源与发展

茶具，又称茶器，通常是指人们在饮茶过程中所使用的各种器具。

西汉辞赋家王褒在《僮约》里写道："烹茶尽具，武阳买茶。"（"茶"指"茶"）这是我国最早提到"茶具"的一条史料，但或许这里的"具"不是烹茶专用的器具。直到魏晋以后，饮茶器具才从其他饮器中慢慢独立出来。专用茶具在民间普遍使用和确立是在唐代。茶具的产生和发展经历了由粗趋精、由大趋小、由繁趋简、从古朴趋向富丽再趋向淡雅的返璞归真的过程，从茶具就可品出时代的茗韵。

唐代，随着我国饮茶风尚从南向北的推广，茶具也呈现"南青北白中彩"的局面。南方的越窑（浙江的绍兴、宁波一带）青瓷茶碗，如冰，似玉，能益色，最为茶圣陆羽所推崇，窑址在今浙江宁波的慈溪和绍兴的上虞，以生产青瓷茶器为主。北方最著名的为邢窑，窑址在今河北内丘。其地生产的白瓷茶具有薄如纸、白如玉、声如磬之誉。在河南洛阳还出现了以黄、紫、绿为主体的三色茶具，称为三彩茶具。此外，长沙窑、寿州（安徽的寿县一带）窑、洪州（江西的修水一带）窑等，也是以产瓷器茶具出名的。唐代陆羽在总结前人饮茶时使用的各种器具后，在《茶经》中列出了 28 种茶器（具）的名称，并描绘其式样，阐述其结构，指出其用途。这是中国茶具发展史上对茶具的最明确、最系统、最完善的记录。唐代茶具不但配套齐全，而且形制完备。其中，煮器有风炉、镀，制（作）器有碾、罗，舀器有瓢，饮器有碗，涤器有涤方，盛器有水方、熟盂等。1987 年在陕西扶风法门寺地宫出土的一整套唐代茶具，是中国现存最早的茶具物证。这批出土茶器，多为鎏金银质茶器（或称金银质茶器），这既是唐代品茶之风盛行的有力证据，也是唐代茶文化的集中体现。

宋代，点茶法大行，因崇尚茶汤"以白为贵"，用黑瓷盏盛白茶汤，黑白分明，以鉴评茶的优劣，适合斗茶（评定茶的优劣）要求，故宋人时尚建窑黑（瓷）釉盏。建窑地在福建及江西的吉州窑同时也产黑瓷。宋代的五大名窑有浙江杭州的官窑、浙江龙泉的哥窑、河南临汝的汝窑、河北曲阳的定窑、河南禹县的均（钧）窑。与唐代相比，宋代饮茶器具更加讲究法度，形制愈来愈精。

元代，紧压茶逐渐衰退，条形散茶（即芽茶和叶茶）开始兴起，直接将散茶用沸水冲泡饮用的方法逐渐代替了将饼茶研末而饮的点茶法和煮茶法。与此相应的是一些茶具开始消亡，另一些茶具开始出现。元代在茶器发展史上是上承唐、宋，下启明、清的一个过渡时期。

明代散茶大兴，并且制茶工艺有所改进，出现了发酵茶，这就对茶具有了新的要求，紫砂茶具便是在实践中渐渐被人们所接受并在明中后期独树一帜的。据史料记载，第一位将紫砂壶艺术化的人是龚春，又名供春，其所制之壶名供春壶，艺术价值极高。到万历以后，随着李茂林、时大彬、徐友泉、李仲芳、陈仲美、惠孟臣等名家辈出，紫砂壶的制作艺术各具特色。明代，饮茶器具最突出的特点，一是小茶壶的出现，二是茶盏的变化。这一时期，江苏宜兴的紫砂茶具、江西景德镇的白瓷茶具和青花瓷茶具都获得了极大的发展，无论是色泽和造型，还是品种和式样，都进入了穷极精巧的新时期。

清代，茶类有了很大的发展，形成了六大茶类。这些茶均属条形散茶。无论哪类茶，饮用时仍然沿用明代的直接冲泡法。在这种情况下，泡茶用的茶具基本上没有突破明人的规范。与明代相比，清代茶具的制作工艺技术却有着长足的发展，这在清人使用的最基本茶具，即茶盏（盖碗）上表现最为充分。福州的脱胎漆茶具、四川的竹编茶具、海南的生物（如椰子、贝壳等）茶具开始出现，自成一格。总之，清代茶具异彩纷呈，形成了这一时期茶具新的特色。

现代饮茶器具，不但种类繁多，而且质地和形状多样，陶、瓷、玻璃、金属、竹、木、搪瓷、石、金、银、玛瑙、水晶、贝壳、纸质等茶具应有尽有。其中尤以紫砂茶具、玻璃茶具、瓷器茶具的使用最为普遍。

二、茶具的分类

（一）按材料划分

茶具按其材质不同可分为陶土茶具、瓷器茶具、玻璃茶具、金属茶具、漆具茶具、竹木茶具等几大类。

1. 陶土茶具

陶土茶具是新石器时代的重要发明，距今已有12000年的历史，其材质最初是粗糙的土陶，逐渐演变成比较坚实的硬陶和彩釉陶。

陶器中的佼佼者首推宜兴紫砂茶具。紫砂茶具始于北宋，明朝以后大为流行，成为各种茶具中最惹人珍爱的瑰宝。《桃溪客语》中记载："阳羡（即宜兴）瓷壶自明季始盛，上者与金玉等价。"可见其名贵。紫砂茶具（图4.1）的坯质致密坚硬，里外不敷釉，取天然泥色，大多为紫砂，也有红砂、白砂焙烧而成。由于它成陶火温在1100～1200°C，烧结密致，胎质细腻，既不渗漏，又有肉眼看不

图4.1　紫砂茶具

见的气孔，长久使用，能吸附茶汁，蕴蓄茶味，且传热缓慢，不易烫手；它耐寒耐热，甚至还可以直接放在炉灶上煨炖。紫砂茶具有三大特点：泡茶不走味，贮茶不变色，盛暑不易馊。一件姣好的紫砂茶具，必须具有三美，即造型美、制作美和功能美，三者兼备方称得上是一件完善之作。

2. 瓷器茶具

瓷器是一种由瓷石、高岭土、石英、莫来石等组成，外表施有玻璃质釉或彩绘的物器。瓷器茶具的种类主要包括青瓷茶具、白瓷茶具、黑瓷茶具和彩瓷茶具。

（1）青瓷茶具

青瓷茶具（图4.2）始于晋代，以浙江生产的质量最好。宋代，作为当时五大名窑之一的浙江龙泉哥窑生产的青瓷茶具，已达到鼎盛时期，远销各地。明代，人们视其为稀世珍品。它以"造型古朴挺健，釉色翠青如玉"著称。它有两个特点，一是釉面显纹片，二是器脚露胎（显铁质），口部显紫色，俗称"紫口铁脚"。

（2）白瓷茶具

白瓷茶具（图4.3）色泽洁白，能反映出茶汤色泽，传热、保温性能适中，造型各异，堪称珍品。早在唐代时，河北邢窑生产的白瓷器具已"天下无贵贱通用之"。唐代白居易还作诗盛赞四川大邑生产的白瓷茶碗。元代，江西景德镇白瓷茶具已远销国外，人们称它"薄如纸，白如玉，明如镜，声如磬"。如今，白瓷茶具更是面目一新，这种白釉茶具，适合冲泡各类茶叶。

图4.2 青瓷茶具

图4.3 白瓷茶具

（3）黑瓷茶具

宋代，茶色贵白，所以宜用黑瓷茶具陪衬（图4.4）。宋代的黑瓷茶盏，以建安（今在福建省建阳）窑所产的最为著名。建盏配方独特，在烧制过程中使釉面呈现兔毫条纹、鹧鸪斑点、日曜斑点等，一旦茶汤入盏，能放射出五彩缤纷的点点光辉，增加斗茶的情趣。

图4.4　黑瓷茶具

（4）彩瓷茶具

彩瓷茶具（图4.5）的品种花色很多，其中尤以青花瓷茶具最引人注目。青花瓷茶具直到元代中后期才开始成批生产，特别是景德镇，成了我国青花瓷茶具的主要生产地。它是以氧化钴为呈色剂，在瓷胎上直接描绘图案纹饰，再涂上一层透明釉，而后在窑内经 1300℃左右高温还原烧制而成的器具。

图4.5　彩瓷茶具

3. 玻璃茶具

玻璃，古人称之为流璃或琉璃，是一种有色半透明的矿物质。我国的玻璃制作技术虽然起步较早，但直到唐代，随着中外文化交流的增多，西方的玻璃器皿不断传入，才开始烧制玻璃茶具。

在现代,玻璃茶具(图4.6)有很大的发展。玻璃质地透明,光彩照人,可塑性强,用它制成的茶具,形态各异,用途广泛,加之价格低廉,购买方便,深受茶人好评。在众多的玻璃茶具中,以玻璃杯最为常见,用它泡茶,观看茶汤色泽,茶叶姿色,茶叶在整个冲泡过程中上下起浮,犹如跳舞,可以说是一种动态的艺术欣赏。特别是用玻璃杯来冲泡细嫩名优茶,最富有品尝价值。居家待客,玻璃杯也不失为一种好的饮茶器皿。但美中不足的是玻璃茶具质脆,易破碎,导热快,较烫手。

4. 金属茶具

金属茶具(图4.7)是指由金、银、铜、铁、锡等金属材料制作而成的饮茶器具,是中国最早饮茶器具之一。到隋唐时,金银器具的制作技艺达到高峰。陕西扶风法门寺出土的一套由唐僖宗供奉的鎏金茶具,可谓是金属茶具中罕见的稀世珍宝。但从宋代开始,古人对金属茶具褒贬不一。元代以后,特别是从明代开始,金属茶具逐渐消失,很少使用,但储茶器具,如锡瓶、锡罐等,却屡见不鲜。金属储茶器具的密闭性好,具有较好的防潮、避光性能,更有利于散茶的储藏。

图4.6 玻璃茶具　　　　　　　　　图4.7 金属茶具

5. 漆器茶具

采割天然漆树收集液汁进行炼制,掺进所需色料,制成绚丽夺目的器件,这是先人的创造发明之一。漆器茶具始于清代,主产于福建福州,故称为"双福"茶具。福州产漆器茶具多姿多彩,有"宝砂闪光""金丝玛瑙""釉变金丝""仿古瓷""赤金砂"等名贵品种。福州产的脱胎漆茶具的制作精细复杂,先做成木胎或泥胎模型,其上用夏布或绸料以漆裱上,再连上几道漆灰料,然后脱去模型,再经填灰、上漆、打磨、装饰等多道工序,才最终制成脱胎漆茶具。脱胎漆茶具多为黑色，并融书画于一体，饱含文化意蕴；脱胎漆茶具轻巧美观，色泽光亮，如明镜照人，又不怕水浸，能耐温、耐酸碱腐蚀。脱胎漆茶具除有实用价值外，还有很高的艺术欣赏价值。

6. 竹木茶具

竹木茶具，来源广，制作方便，对茶无污染，对人体又无害，因此，自古至今，一直受到茶人的欢迎；但缺点是不能长时间使用，无法长久保存，失却文物价值。

清代，在四川出现了一种竹编茶具，它由内胎和外套组成，内胎多为陶瓷类饮茶器具，外套用精选慈竹，经劈、启、揉、匀等多道工序，制成粗细如发的柔软竹丝，经烤色、染色，再按茶具内胎形状、大小编织嵌合，使之成为整体如一的茶具。竹编茶具不但色调和谐，美观大方，而且能保护内胎，减少损坏，泡茶后不易烫手。竹编茶具既是一种工艺品，又富有实用价值。人们购置竹编茶具，一般不在其用，而重在摆设和收藏。

7. 其他茶具

除了上述常见茶具外，还有用玉石、水晶、玛瑙以及其他各种珍稀原料制成的茶具。例如在我国台湾地区，用木纹石、龟甲石、尼山石、端石制作的石茶壶很受欢迎，但这些茶具一般用于观赏和收藏，在实际泡茶时很少使用。

（二）按用途划分

在现代茶艺活动中，按用途将茶具分类，可分为主茶具、辅助茶具、备水器具、备茶器具、盛运器具、泡茶席和装饰用品七类。

1. 主茶具

主茶具指泡茶、饮茶的主要用具。

（1）茶壶

茶壶，茶具的重要组成部分，主要用来泡茶和斟茶的带嘴器皿，小的也直接用来泡茶和盛茶，供人独自酌饮。茶壶由壶盖、壶身、壶底、圈足四部分组成，壶盖有孔、钮、座、盖等细部。壶身有口、延（唇墙）、嘴、流、腹、肩、把（柄、扳）等部分。因为壶的把、盖、底、形的细微差别，茶壶的基础形态就有近200种。在泡茶时，茶壶大小依饮茶人数多少而定。茶壶的质地很多，目前使用较多的是紫砂陶壶或瓷器茶壶。

① 依据壶把造型可分为侧提壶、提梁壶、飞天壶和握把壶。侧提壶（图4.8）：壶把成耳状，在壶嘴对面。提梁壶（图4.9）：壶把在壶盖上方呈虹状者。飞天壶：壶把在壶身一侧上方，呈彩带飞舞状。握把壶（图4.10）：壶把如握柄，与壶身成直角。无把壶（图4.11）：没有壶把，使用时手拿壶身头部倒茶。

图4.8　侧提壶

图4.9　提梁壶

图4.10　握把壶

图4.11　无把壶

② 依据壶底的差异造型可分为捺底壶、钉足壶和加底壶。捺底壶：茶壶底心捺成内凹状，不另加足。钉足壶：茶壶底上有3颗外突的足。加底壶：茶壶底加一个圈足。

③ 依据壶盖造型可分为压盖壶、嵌盖壶和截盖壶。压盖壶：壶盖平压在壶口之上，壶口不外露。嵌盖壶：壶盖嵌入壶内，盖沿与壶口平。截盖壶：壶盖与壶身浑然一体。

④ 依据茶壶（图4.12）形态特征可分为圆器、方器、塑器和筋纹壶。经提炼加工创作的，如瓜棱、菊花等。

⑤依据有无内胆，茶壶分为普通壶（无内胆）与滤壶。

（2）盖碗

盖碗（图4.13），器身含盖、碗、托三件一式的茶器，又称"三才碗""三才杯"，盖为天、托为地、碗为人，暗含天地人和之意。盖碗既可泡好后直接啜饮，又可作为泡茶器，泡好后分杯饮用。

图4.12 茶壶

图4.13 盖碗

（3）碗

碗泡法，其前身是点茶法，始自唐代，兴盛于宋代。点茶所需器具只需汤瓶、茶碗和竹筅，茶也多为抹茶。近年来，碗泡法又在茶圈中流行起来。以碗（图4.14）开汤，以匙分汤，碗散热快不易闷馊，宜冲泡细嫩芽茶以观形态。匙能分茶亦能闻香，使用它，在茶席上饶有趣味。

图4.14 碗

（4）壶承

壶承（图4.15），主要是作为承载包容主泡茶器的容器。壶承的兴起，借鉴于工夫茶使用的茶盘，又因20世纪80年代流行起来的"干泡法"而繁荣。在干泡茶席上它更多用来避免主泡器上流出的水沾湿席布，也是为了提升茶席的总体美感。

图4.15　壶承

（5）公道杯

公道杯（图4.16），用以盛放茶汤，避免茶叶久泡而苦涩，并起到沉淀茶渣的作用，使茶汤浓度相近、滋味一致，等均匀后再分至各人杯中，以表一视同仁，因而有"公道杯"之名。

（6）品茗杯

品茗杯，用来品茶及观赏茶的汤色。将茶汤倒入品茗杯中，小啜慢品，是饮茶过程中最惬意的享受。品茗杯的材质多为白瓷、紫砂或者玻璃。

图4.16　公道杯

（7）闻香杯

闻香杯（图4.17），闻香之用，比品茗杯细长，通常与品茗杯成套使用。一是保温效果好，可以让茶的热量多留存一段时间，饮者也能够握住杯颈暖一会儿手；二是茶香散发慢，可以让饮者尽情地去玩赏品味。

图4.17　闻香杯

（8）杯托

杯托，茶杯的垫底器具，方便奉茶，且不易烫手。

2．辅助茶具

（1）茶巾

茶巾（图4.18），又被称为"茶布"，用麻、棉等纤维制造。茶巾的主要功能是干壶，于分茶前将茶壶或茶海底部残留的杂水擦干，也可用于擦拭桌面的茶水。

（2）茶席巾

茶席巾（图4.19），是奠定茶具中心位置的一方素巾。从早期的一只托盘渐渐发展至一块软质布巾，随着茶桌愈变愈大，茶席的规格也渐由小长方巾发展至符合当代视觉的大长卷。

图4.18　茶巾

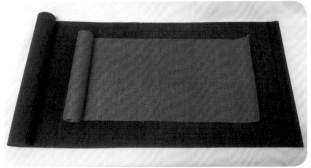

图4.19　茶席巾

（3）茶道六君子

茶道六君子（图4.20），又称茶道组，指茶筒、茶匙、茶漏、茶则、茶夹和茶针。

①茶筒：盛放茶艺用品的茶器筒。

②茶匙：又称茶勺，形状像汤匙，为拨茶入壶之用。

③茶漏：置茶时将茶漏放在壶口上，导茶入壶，防止茶叶掉落壶外。

④茶则：量器的一种，把茶从茶罐取出置于茶荷或茶壶时，需要用茶则来量取，也可配合茶匙，拨弄茶叶进入茶壶。

⑤茶夹：可将茶渣从壶中夹出，也常有人拿它来夹着茶杯洗杯，防烫又卫生。

⑥茶针：又称茶通，功用是疏通茶壶的内网（蜂巢），以保持水流通畅，当

图4.20　茶道六君子

壶嘴被茶叶堵住时用来疏通，或放入茶叶后把茶叶拨匀，让碎茶在底，整茶在上。

（4）盖置

盖置，是承托壶盖、盅盖、杯盖的器具，既能保持盖子清洁，又能避免沾湿桌面。

（5）滤网、滤网架

滤网（滤斗，图4.21），过滤茶汤碎末用，传统网为金属丝制，边缘金属或瓷质。滤网架（图4.21），承托滤网用，有金属螺旋状，有瓷质双手合掌状、单手伸指状等。

图4.21　滤网、滤网架

（6）茶荷

茶荷（图4.22），功用与茶则类似，皆为置茶的用具，但茶荷更兼具赏茶功能。主要用途是将茶叶由茶罐移至茶壶。在置茶中也兼具以下赏茶功能：盛装茶叶后，供人欣赏茶叶的色泽和形状，并据此评估冲泡方法及茶叶量多寡，

图4.22　茶荷

之后才将茶叶倒入壶中。茶荷有多种形状，如圆形茶荷、半圆形茶荷、弧形茶荷、多角形茶荷。材质多样，主要有瓷、竹、陶等。它既实用又可当艺术品。

（7）茶盘

茶盘（图4.23），盛放茶壶、茶杯、茶道组、茶宠乃至茶食的浅底器皿。茶盘可以很大，也可以很小，形状有方、圆或扇形的。它可以是单层，也可以是双层（图4.24），双层用以盛废水，可以是抽屉式的，也可以是嵌入式的。按材质区分，茶盘主要有竹茶盘、木茶盘、石茶盘、陶瓷茶盘、金属茶盘和电木茶盘。

图4.23　茶盘

图4.24　双层茶盘

有了茶盘，壶、杯、公道等才好粉墨登场，演绎出一场关于茶文化的好戏，即便是在郊外或公园的无我茶会，也至少需要一方茶巾来替代一下茶盘的角色。

3. 备水器具

（1）煮水器

煮水器，由汤壶和茗炉两部分组成。炉按照热源分为电炉、酒精炉、炭炉及燃气炉等。常见的茗炉，炉身为陶器或金属制架，中间放置酒精灯。茶艺馆及家庭使用最多的是随手泡（图4.25），用电烧水，方便实用。

图4.25　随手泡、水盂

（2）水盂

水盂（图4.25），又名茶盂、废水盂、建水、渣斗，存放泡茶过程中的废水、茶渣等，功能相当于废水桶、茶盘。

（3）水方

水方，储放清洁用水的器皿。

4. 备茶器具

① 茶样罐（筒），用于盛放茶样的容器，体积较小，装干茶30～50克即可。以陶器为佳，也有用纸或金属制作的。

② 储茶罐（瓶），储藏茶叶用，可储茶250～500克，为密封起见，应用双层盖或防潮盖，金属或瓷质均可。

③ 茶瓮（箱），涂釉陶瓷容器，小口鼓腹，储藏防潮用具。也有用马口铁制成双层箱，下层放干燥剂（通常用生石灰），上层用于储藏，双层间以带孔搁板隔开的。

5. 承运收纳器具

① 提柜，用以存储泡茶用具及茶样罐的木柜，门为抽屉式，内分格或安放小抽屉，可携带，外出泡茶用。

② 篮，竹编的有盖提篮，放置泡茶用具及茶样罐等，外出时可携带。

③ 提袋，是外出时装泡茶用具及茶样罐、泡茶巾、坐垫等物的多用袋，用人造革、帆布等制成，背带式，携带方便。

④ 包壶巾，用以保护壶、盅、杯等的包装布，以厚实而柔软的织物制成，四角缝有雌雄搭扣。

⑤ 杯套，用柔软的织物制成，套于杯外。

6. 泡茶席

① 茶车，可以移动的泡茶桌子。

② 茶桌，用于泡茶的桌子。

③ 茶（椅）凳，泡茶时的坐具，高低应与茶车或茶桌相配。

④ 坐垫，在炕桌上或地上泡茶时，用于坐、跪的柔软垫物。

7. 装饰用品

① 屏风，遮挡非泡茶区域或作装饰用。

② 茶挂，挂在墙上营造气氛的书画艺术作品。

③ 花器，插花用的瓶（图4.26）、篓、篮、盆等物。

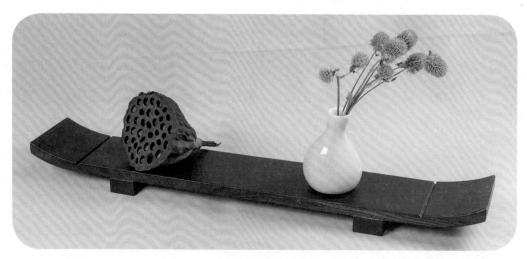

图4.26　花瓶

三、茶具的选配

选择茶具，要宜茶性、宜审美、合习惯、合场所。茶类品质特征、茶具的质地和式样、不同的审美和习惯，以及不同的场所，对饮茶器具都有不同的要求。

（一）宜茶性

名优绿茶细嫩且具有欣赏美感，宜选用玻璃茶具冲泡。玻璃茶具质地透明、传热快，用玻璃杯泡茶，茶叶在整个冲泡过程中上下舞动、叶片逐渐舒展的情形以及茶汤颜色，均可一览无遗。除选用玻璃杯外，也可选用白色盖碗或瓷壶、瓷杯冲泡饮用。

冲泡红茶可选用白色盖碗、瓷壶，或是内壁施白釉的紫砂茶具，能够更好获得茶汤的色香味。

乌龙茶适用紫砂壶冲泡，紫砂壶透气性强，能吸附茶香，蕴蓄茶味，即使冷热骤变，也不致破裂，用来泡茶，可使茶叶越发浓郁芳沁，泡茶隔夜不馊。

黑茶适合用吸水性、透气性、包容性强的陶壶来冲泡，这样能够让茶汤柔滑醇和。

冲泡黄茶和白茶可用透明玻璃杯或瓷壶。老白茶耐泡，可选用紫砂壶、盖碗，也可用煮茶器煮饮。

民间有"老茶壶泡，嫩茶杯冲"的说法，老茶用壶泡，一是可以保持热量，有利于茶汁的浸出；二是较粗老的茶叶，由于缺乏欣赏价值，用杯冲茶，暴露无遗，用来敬客不太雅观，又有失礼之嫌。

（二）宜审美

陶质的古朴、瓷质的典雅、玻璃的玲珑，各有韵味，我们可以根据自己的审美来选择茶具。就造型而言，茶具有的简单素雅，有的雕金错彩，有的豪迈大方，有的精致小巧，各有情趣。在实用的前提下，根据客人的身份或是个人的审美情趣来选择茶具。此外，每个人的手有大有小，一款得心应手的茶具，能让泡茶动作优雅，过程流畅，平添几分品茗情趣。

（三）合习惯

中国地域辽阔，各地饮茶习俗不同，故对茶具的要求也不一样。江南一带人们喜欢绿茶，多用玻璃或瓷质茶具；四川及西北地区好饮花茶与绿茶，使用盖碗为主。福建、广东潮汕地区喜用"烹茶四宝"饮乌龙茶，但广东潮汕地区泡工夫茶用白瓷盖碗，其品饮杯多呈白色；福建人泡乌龙茶则用紫砂小壶，饮杯也为紫砂小杯。少数民族同胞，因风俗不同，对茶具的选择各有所异，待客时根据客人习惯选用。

（四）合场所

大型会议：冲泡红、绿茶或袋泡茶宜选用单杯饮用的素瓷胜利杯；黑茶、老白茶则需要煮或泡好后滤去茶渣再倒入杯中。

小型品茶会：根据人数与冲泡茶类配备主泡器、品茗杯，或是选用个性化的茶器，增加品茶趣味性。

茶展茶会：由于品饮者流动性大，杯子容量不宜太大，以食品级的亚克力小杯最好，无异味的小纸杯亦可。

办公室：可用同心杯或飘逸杯实现茶水分离，达到科学饮茶的目的。

旅途：可用茶水分离杯。

茶具选配时，要注意茶具与茶类相配，与环境、铺垫、插花等要相协调，并因不同的场所以及客人的喜好灵活运用，体现人、茶、具、境和谐并存，相得益彰。

第二节　茶席研习

茶席是表现茶艺的场所，是因茶而存在的，是泡茶和品茶的平台，是生活艺术，也是应用艺术。茶席设计是以茶品、茶具为主体，围绕某一主题，与其他的艺术形式相结合，对茶席进行合理、美观、实用的规划与搭配的活动。茶席设计是和品茶艺术相辅相成的，目的为营造整个品茗环境的美感。

近年来，静态的茶席设计已独立出现在各大茶艺大赛的比赛项目中，而动态的茶席设计则频繁出现在各类茶事茶会活动中，好的茶席设计作品能给人一种视觉上的享受。

一、茶席的定义

茶席有狭义和广义之分。广义的茶席，认为不论泡茶席、茶室、茶屋还是茶庭，其最基本的功能是泡茶，只要提供方便冲泡各种类型的茶的设备，再加以个性化处理，就能称为茶席。狭义的茶席，即"泡茶席"，仅仅是指方便泡茶、饮茶与奉茶的一组桌椅或地面，也就是泡茶者的座位与进行泡茶操作的地方以及客人就座或行走的空间。

二、茶席的基本特征

（一）物质性

茶席，首先是一种物质形态，由与茶事相关的物质构成。在茶席的物质构成中，最重要的，一是茶品，二是茶具，甚至可以说，没有这两者，就没有茶席的存在。从大处而言，或是从茶品出发，或是从茶具着眼才构成了茶席千姿百态、美不胜收的雅致。

（二）实用性

实用性是茶席的重要特征。茶席主要有两种状态：一是普通茶席，二是艺术茶席。普通茶席被广泛应用于人们的日常生活中，家中的品茗区域，办公室的品茶场所，乃至精心设计的茶话会，都有普通茶席的身影。这种茶席，虽然比艺术表演性的茶席简单随意，但因其照样突出茶艺美学和茶道精神，仍然具备茶席的基本元素。当然，普通茶席的实用性主要体现在生活上。艺术茶席虽然以艺术形式表现，或是以茶艺表演为目标，注重茶席的艺术欣赏性与表现力，但同样具有实用性：一方面，在艺术茶席的设计上，依然把茶具能不能用、好不好用摆在必须考量的地位；另一方面，艺术茶席被广泛运用于茶艺表演或是茶席的动态展示，依然离不开实用性。自然，艺术茶席的实用性更多地以艺术表现力为目标。

（三）艺术性

任何茶席都必须具有艺术性，因为茶席设计并非一般性的成套茶具的摆设，而是一种艺术行为和艺术创意。蔡荣章在《茶席·茶会》中指出："总的来说，茶席就是茶道（或茶艺）表现的场所。它具有一定程度的严肃性，必须要有所规划，而不是任意一个泡茶的场所都可称作'茶席'。泡茶也罢，茶艺也罢，茶道也罢，任何地方都是可实施的，但如果只是单纯地冲泡一壶茶或者来喝一杯茶，这样的场所我们不称为'茶席'，茶席是为表现茶道之美或茶道精神而规划的一个场所。"从这个意义上来说，没有艺术性也就没有茶席独特的地位。

茶席还有鲜明的文化属性：一是民族性，茶席设计会体现出本民族的文化色彩；二是地域性，茶席的设计往往会把最有地域特征的文化融入其中；三是时代性，也就是不同时代有其追求的时尚元素的表征。茶席的文化属性是和茶席的物质性、实用性与艺术性交织在一起的。

三、茶席基本原理

在了解了茶席的定义及基本特征后，我们开始进行茶席设计。茶席基本原理主要包括三个方面：一是茶席的组成元素；二是茶席的设计原则；三是茶席的设计类型。

（一）茶席的组成元素

茶席设计是以茶为灵魂，以茶具为主体，在特定空间形态，与其他艺术形式混合，共同完成有茶艺独立主题的艺术组合的创造性活动。

茶席的组成元素有 10 个方面：①茶品；②茶具组合；③铺垫物品；④茶席插花；⑤茶席之香；⑥茶席挂画；⑦茶席工艺品；⑧茶点、茶果；⑨背景处理；⑩茶人。这 10 个方面，可以全部选择，也可以只有其中的一部分。下面我们逐一介绍这 10 个方面。

1. 茶品

茶是茶席的灵魂。在茶席的布置上，茶占据着重要的位置，往往把茶放在最正面、最前方。中国茶的种类丰富，有绿茶、红茶、白茶、黄茶、青茶、黑茶六大类。不同的茶，在一定程度上决定着茶具的选择。随着这些茶类的区分，人们对茶具的种类、色泽、质地和样式，以及茶具的轻重、厚薄、大小等都提出了要求。

2. 茶具组合

现代人通常所说的"茶具"，主要是指茶壶、茶杯、盖碗等饮茶器具。为了茶文化的丰富和完美，人们不断努力开发各种各样的茶具来满足品茗者的需求。早在唐代，"茶圣"陆羽就在《茶经·四之具》中记叙了他设计的 24 件茶具及其作用。1987 年，在陕西出土的唐代宫廷银质鎏金茶具，是迄今为止古代皇室宫廷豪华茶具最具说服力的诠释和见证。

在茶席中，古今茶具皆可用在其中。一般茶席中用到的茶具包括水方、煮水器、炉子、茶罐、茶杯、杯托、盖碗、壶、壶承、茶则、公道杯及茶巾等。茶席中的茶具组合，最基本的是成套茶具的运用，而为了更符合创作主题，往往会打破原有的茶具组合，进行新的配置，达到出人意料的效果。

3. 铺垫物品

铺垫物品是茶席整体或局部物件下的铺垫、衬托、装饰物的统称，既可以使茶席器物不直接接触桌面或地面，保持器物的清洁，又是体现茶席设计主题的辅助器物的一部分。

铺垫物品的质地、款式、大小、色彩、花纹等，应根据茶席设计的主题与立意，运用不同的手段、不同的要求加以选择。

铺垫物品的材料大体可分为两种类型：一是织品类，包括棉布、麻布、化纤、蜡染制品、印花制品、毛织制品、织锦、绸缎、手工编织制品等；二是非纺织品，如竹编、草秆编、树叶编、纸铺、石铺、瓷砖铺等制品。

铺垫物品的形状多种多样，主要有长方形、正方形、三角形、圆形、椭圆形，以及其他几何形状。不确定形状的，称为异形物。

铺垫物品的色彩有单色、碎花、繁花，由于色彩是由色彩的明暗度、纯度、浓度或饱和度来衡量的，因此，一般来说，作为铺垫物品的色彩，以单色为上，碎花为次，繁花为下。

铺垫物品运用的方法，包括平铺、对角铺、三角铺、叠铺、立体铺、帘下铺等，是展现茶席效果的关键。不同的铺垫方法，使铺垫在质地、形状、色彩上取得不同的效果，也增加了它的可变化内容，使铺垫的语言更丰富。另外，也有的茶席不用铺垫物品，而是充分展示桌面、台几本身的色彩与质感，那就需要茶席设计者独到的眼光和深厚的艺术功底。

4. 茶席插花

插花是指人们以自然界的鲜花、叶草与枝干等为素材，通过艺术构思和适当的整形修剪，按照艺术构图原则，并在色彩搭配设计基础上，组成一件既具有一定思想内涵，又能再现大自然美的生活艺术品。花是茶席中不可缺少的一部分，它在茶席上起到点缀的作用，通过花的定格，来表达一种茶道美学境界。

茶席中的插花不同于一般的民间插花，主要是为体现茶的精神，追求崇尚自然、朴实秀雅的风格，并富含深刻的寓意。茶席上的插花要求简洁、淡雅、小巧、精致。鲜花不求繁多，讲究的是意境创造，只插一两枝便能起到画龙点睛的效果。

在茶席插花中，应选择花小而不艳、清香淡雅的花材，最好能有含苞待放或花蕾初绽的花。茶席上的插花只是衬托，为茶事服务，切忌喧宾夺主，应根据茶艺的主题思想来选择。花器是茶席插花的基础和依托，花器的造型和色彩应根据花体本身来选择，材质一般以竹、木、草编、藤编及陶瓷为主，以体现原始、自然、朴实之美。

5. 茶席之香

焚香可以营造祥和宁静的品茶环境，使人达到心平气和的境界。在宋代，它和挂画、插花、点茶一起被称为"茶中四艺"。香对人的影响也属于环境对心理的影响范畴。很久以前人们就发现，置身于大自然或芳香植物丛中，能令人心旷神怡、神清气爽，疲惫和倦意一扫而光。

香主要有沉香、檀香、龙脑香、降真香、龙涎香等。①沉香为香木所结树脂，因放入水中则下沉而得名。放入水中不浮不沉的是栈香，不沉的是黄熟香。沉香主要产自印度尼西亚、越南、老挝、泰国、马来西亚、柬埔寨以及巴布亚新几内亚等国，以及我国的海南省。②檀香取自檀香属木的油脂，产自印度尼西亚及马来西亚等国，我国台湾、海南、云南南部等地也有栽种。③龙脑香是龙脑科植物树脂结成的，古代只生长在南北纬5°之间的地区，主产于加里曼丹岛北部、马来半岛。④降真香是芸香科常绿乔木，分布于广东、广西、云南，并生长在常绿林中。⑤龙涎香在西方称灰琥珀，是抹香鲸的消化系统所产生的，分布于太平洋各岛屿。

焚香的香炉种类繁多，大多为仿古的样式，有鼎、乳炉、鬲炉、筒炉、敦炉、钵炉、洗炉等。在类别上又分香炉、熏炉和手脚炉等。材质有铜、铁、陶、瓷等。茶席中香炉的选择应根据茶席所表现的主题和内涵来决定。香炉的摆放位置应把握不夺香、不抢风、不挡眼三个原则。

6. 茶席挂画

茶席中的挂画，是以挂轴的形式把书法、绘画等作品挂在茶席或茶室的墙上、屏风或支架上，也有的是悬空挂于空中。

茶席挂画的作用，主要是为了烘托茶席的文化气息，或是通过所挂书法、绘画作品直接表明茶席的主题。

茶席挂画中的内容，可以是字，可以是画，也可以是字画结合。

茶圣陆羽在《茶经·十之图》中曾提倡将有关茶事写成字挂在墙上，以"目击而存"，希望"以绢素，或四幅，或六幅，分布写之，陈诸座隅"。

茶席所挂的画（或者书法作品），应该与茶席整体风格一致。即使是针对茶室的挂画，也应该秉承风格与美感协调的原则，特别是不要像画廊一样密密麻麻地布满作品。疏适有度，空出茶席，依然是总体要求。

7. 茶席工艺品

茶席工艺品的作用是有效陪衬、烘托茶席主题，甚至深化主题。因此，相关工艺品与主器物应该在质地、造型、色彩方面相融合，在茶席中也总是处于旁、侧、下或背景的位置，千万不能与主器物相冲突，或者过分突出。

茶席常用的相关工艺品，包括六大类别：一是自然物类，如石类、植物盆景类、花草类、干枝类、叶类；二是生活用品类，如穿戴类、首饰类、化妆品类、厨用类、文具类、玩具类、体育用品类；三是艺术品类，如乐器类、民间艺术品类、演艺用品类；四是宗教用品，如佛教法器、道教法器、西方教具；五是传统劳动用具，如农业用具、木工用具、纺织用具、铁匠用具、鞋匠用具、泥土用具；六是历史文物类，如古代兵器类、文物古董类。在这些类别的物品中，有的虽然从严格的意义上来说并非工艺品，却发挥着工艺品的作用。而且，在茶艺设计中甚至可以说所有的物品只要运用得当，都可以作为工艺品使用。

8. 茶点、茶果

茶点、茶果是在饮茶过程中用以佐茶的食物的统称。茶席中茶点、茶果的出现有两种情况：一种是静态茶席的点缀；另一种是动态茶席的饮茶过程中的点心。

茶席中茶点、茶果的选择与摆放，有两个关键点：一是茶点、茶果的选择；二是茶点、茶果盛装器的选择。

茶点，有的也称为茶食，包括茶点中的干点与湿点；茶果则有干果与鲜果之分。所谓干点，包括各种糕、饼、酥、卷、糖等；湿点如五香豆腐干、菜干、蛋、粥、面、包子、馒头、汤圆等。干果有桃脯、葡萄干、话梅、薯条、姜片等；鲜果有各种时鲜瓜果，如西瓜、杨梅、草莓、石榴等。此外，瓜子、花生米，以及牛肉干、笋丝干、干鱼片等，都可以列入茶食。

茶点、茶果的选择，应遵循六个基本原则：一是根据茶席主题选择；二是根据茶类选择；三是根据季节选择；四是根据具体日期选择；五是根据目的选择；六是根据人员选择。

茶点、茶果盛装器选择的原则，可以概括为六个字：小巧、精致、清雅。小巧，即不能大过茶席主器物；精致，即盛装器应该精巧别致；清雅，即盛装器应该有艺术品位。而且，应该注意盛装器的质地、形状和色彩，以使其与整体茶席协调。一般来说，干点宜用碟，湿点宜用碗，干果宜用篓，鲜果宜用盘。

9. 背景处理

由于茶席在不同的地方摆设，所以背景本身已呈现出不同的格局，一种是室内背景，一种是室外背景。这两种情况都包括两种方式：一是采用原有的背景；二是重新设计或选取新的背景。

在室内摆设茶席的，如以室内原有状态为背景，主要情况有：以舞台为背景、以会议室主席台为背景、以装饰墙面为背景、以廊口为背景、以房柱为背景、以玄关为背景、以博古架为背景等。也就是说，充分利用室内现有的条件，以与茶席所展示的主题相契合的某部分做设计视点。而改变室内原有背景的，如有舞台或主席台，则较为简便，只要重新设计，或用投影，或用 LED 显示屏等，就可达到良好效果。有时候为了简便和节约，也可以利用织品、席编、灯光、书画、纸伞、屏风，或者其他可以改变背景的现成物品。

茶席室外背景的处理，由于一般选择自然美景，只要与茶席整体感协调，就可以达到美不胜收的效果。当然，有时候也可以突出景点的某一部分，如以树木、竹子、假山、街头屋前为背景。根据需要，有时候也可以把室内背景用品（如屏风）移至室外。

此外，茶席背景还包括音乐，这也是另一种营造氛围的方式。

10. 茶人

这里的茶人，既包括茶席设计者，又包括茶会参加者。上述九大要素中，都是不同的物品。而茶人，则是茶席的关键与根本。茶席的设计要靠人，茶席的欣赏也要靠人。动态茶席，还要考虑泡茶者的位席和品茶者的位席。

作为茶席设计者的茶人，要有整体的素养和文化修养。同时，要了解茶的历史、种类及各类名茶的产地特点、冲泡方法，正确地选择泡茶器具。在习茶时，并非急速训练就可以符合要求，而是要一步步精进。只有把习茶当作生活的修行，不疾不徐，从容亲近茶事，才能达到"心手闲适"的境界。

（二）茶席设计原则

掌握了茶席基本元素，并非一定能够设计出好的茶席。对于茶席设计的原则，已有多位专家提出了不同见解，各有特点和长处。

1. 承载主题，但又不可繁杂

这是指茶席设计必须与茶艺所要表达的主题一致。这种一致性具体体现在构成茶席的器物种类、形状和色彩等与茶艺所要表达的主题一致，达到静态之席与宾客进行主题交流的目的。当然，由于茶席本身是小型的艺术，适合表现单一的主题，如果主题繁杂，反而会模糊和影响焦点。

2. 呈现风格，但不要摆设过多

茶艺作品的风格，除了要与茶艺师的表演风格一致外，大部分是由茶席来呈现的，清秀、典雅、深奥、繁复等面貌都可以通过茶席的静态语言来铺陈。茶席风格一旦确立，在一定程度上也就确立了茶艺作品的风格。茶席风格，又是由器物和摆饰来体现的。所谓细节决定成败，茶席可以有体现风格的摆设，但摆设太多就会凌乱，进而导致风格的杂乱。

3. 符合茶艺规范，但不应表达太多哲理

茶席因茶而存在，围绕沏茶而铺展，为了茶艺之美而设计。因此，茶席设计首先要满足茶艺表演的需求，满足沏茶的要素和流程，满足呈现完美茶汤的需求。茶艺设计是围绕着沏茶的中心任务而开展的。有的茶艺师希望进行"宏大叙事"，表达太多哲理。其实，茶艺表演和茶席一样，应该简洁明了，才能给人以突出的

印象。

4. 符合人体工学，既要考虑表演者，又要考虑饮茶者

茶艺是在茶席的空间里进行的动作表演，表演者在茶席中能不受压迫而自如地开展沏茶的行为，是茶席设计者首先要考虑的问题。这要从人体工学角度考虑。茶艺表演有位置、动作、顺序、姿势、线路的"五则"要求，有奉茶的要求，有不同国家、地区、性别、年龄的行动习惯要求，这些都要考虑到茶席设计中去。茶席设计者在考虑表演者的同时，还要考虑饮茶者和观赏者的感受。也就是说，茶席的设计要让所有参与者的身体和精神都舒适、安全、健康。

5. 兼顾场合，又要画面完整

早在唐代，陆羽在《茶经》中就已指出，外出时，器具可以变通和减少。可见，因地制宜是一个原则。不同的茶艺所处的场合是不同的，有家庭式的、舞台式的、旅行式的、表演式的，因而要求茶席设计能符合场合的要求。比如，家庭式的茶艺表演一般场合固定，观赏是近距离的，因此用一些精致的、贵重的器具做主角或铺陈，都是合适的；舞台上的茶席要求有舞台的效果，要尽量兼顾远距离观众的欣赏要求，所以常采取典雅、繁复的风格设计茶席；旅行的茶席，茶具要便于携带，也不必过于贵重；表演的茶席，既要考虑舞台效果，又要兼顾运输方便等。场合的因素必须在茶席设计中体现，否则即使有可能是一件好的作品，但因为不符合场合的要求，也达不到应有的审美效果。当然，在兼顾场合时，不论繁复还是简单，都应该注意保持作为独立动态的茶席的画面完整性。任何时候，茶席都是既与茶艺有联系，又呈现独立风格的艺术形态。

（三）茶席设计类型

茶席设计的类型，从不同的角度有不同的划分方式，其中按题材类型分、按结构类型分、按茶会类型分最为常见。下面将逐一进行介绍。

1. 按题材类型划分

按题材类型划分茶席，可以分为以茶品为主题的茶席、以茶事为主题的茶席和以茶人为主题的茶席。

以茶品为主题的茶席，主要有三种：一是表现茶品的特征，如"庐山云雾茶"的云遮雾障，"洞庭碧螺春"的碧波荡漾；又如"西湖龙井"的一旗一枪，"六

安瓜片"的片片可人。二是表现茶品的特性,包括表现茶区的自然景观、表现不同的时令季节、表现不同的品饮心境。三是表现茶品的特色,六大基本茶类,正如绿、红、青、黄、白、黑六种色彩,此与茶器相配合,正好相得益彰。

以茶事为主题的茶席,可以分为:①以重大的茶文化历史事件为主题的茶席,选择该事件的某一角度在茶席中进行展示;②以特别有影响的茶文化事件为主题的茶席,选择该事件的某一场景在茶席中反映;③以自己喜爱的现实茶事为主题的茶席,抓住这件事的某一片段在茶席中再现。

以茶人为主题的茶席,同样有多种类型,如以古代茶人为题材的茶席、以现代茶人为题材的茶席、以身边茶人为题材的茶席。

2. 按结构类型划分

茶席的各种器物之间,都存在结构关系,而且,从单纯的茶席组合结构到整体的茶席布局结构,也存在不同的结构关系。多种多样的结构关系,可以归纳为中心结构式和多元结构式两种类型。

乔木森所著的《茶席设计》提到:"所谓中心结构式,是指在茶席有限的铺垫或表现空间内,以空间中心为结构核心点,其他各因素均围绕着结构核心来表现相互关系的结构方式。"中心结构式以主器物为主体,这种主器物一般是茶具、茶盒或茶罐。中心结构式存在主器物与其他器物的大小关照、高低关照、多少关照、远近关照,以及前后左右关照。

所谓多元结构式,又称为非中心结构式,也就是说,茶席并无中心结构,而是由茶席范围内的任一结构形式自由组合,只要呈现结构形式美、意境美,而且使用便利就可以了。

多元结构式类型繁多,甚至每一种变化就是另一种情趣,其中具有代表性的有:①流线式,整体铺垫呈流线型,器物无结构中心,仅是从头到尾,信手摆来。②散落式,一般表现为铺垫平整,器物摆放基本规则,其他装饰品只散落于铺垫之上。③桌、地面组合式,其结构核心在地面,地面承以桌面,地面又以器物为结构核心点。④器物反传统式,以艺术独创性为依据,使结构全新化而又不忘一般的结构规律,给人耳目一新的感觉。⑤主体淹没式,其实用性大于艺术观赏性,常为营业性茶室所设,在茶席主器物上以不同的形状重复摆设,但摆放仍有一定的结构规律。

3. 按茶会类型划分

茶席是实用性和艺术性的结合，因此，从茶席与人的关系着眼，必须从特定的茶会来观照。如果把家庭饮茶也作为茶会的一种，那么从茶会的角度来看，茶席可以分为自珍席、宾至席、雅集席和舞台席四种。

（1）自珍席

自珍席是茶艺师自身以饮者的身份与茶对话，茶席是茶艺师心灵的观照。茶席设计的特征：表现自我的风雅、自由。

自珍席与茶艺师的日常生活密切关联，是茶艺师借助这样的茶席一角在日常生活中观照自己，修身养性，摆设它也是一种私人化的生活方式，因此，茶席设计往往表现出特有的个性：第一，自珍席往往会固定地嵌入日常生活中，成为居所的一种结构，茶席设计必须兼顾空间已有的风格，达到兼容、和谐的效果。第二，自珍席的最大功能是实现茶艺师的移情，是茶艺师心灵深处情感的表达，因此，它的设计完全可以根据茶艺师私人化的审美态度来实现，是极为自由的。茶席的风雅文化也反映了茶艺师的生活方式。自珍席是生活中为一部分表达风雅的人而存在的，它是最具私人化的风雅。明代的茶寮、日本的茶室建筑，是对此茶席大而化之的表现。

（2）宾至席

宾至席是宾客与茶的对话，反映了茶艺师对来宾的心情与礼节。茶席设计的特征：亲切。宾至席通过主宾之间默契的沏茶、饮茶，来展示茶艺师对宾客的亲切心情，并将更多细致的感情寄托在茶席之外。

此类型的茶席目的性强而清楚：第一，在茶席中便于给宾客沏茶。第二，展现对宾客的欢迎。首先是选择茶品和主泡器。茶艺师要先了解来宾的身份，如年龄、性别、职业、区域等，不同身份的饮者对茶品的喜好程度是不同的，可以选择有特点的茶，以促进相互交流。茶品选择后，主泡器的选择就完成了一大半。

茶艺师必须结合茶品和宾客的不同身份来设计茶席。宾至席是饮者和茶艺师紧紧围绕的茶席，相互距离很近，配饰和席面都不能太突兀，设计材料必须经得起细细鉴赏，茶席设计的风格要趋于简洁、清秀，设计的主题必须符合宾客的身份。

茶艺师还要了解来宾的人数，若人数较多，则茶席的席面设计就大一些。有时也设计成多席，适合多宾客的不同需求。若会见时间较长，也可配置不同的茶席。若人数较少，茶席就可小一些，避免以席欺人之嫌。

（3）雅集席

雅集席是符合某个主题的心情与趣味的茶席展示，多用在以茶聚会的场合中，能以其文化内涵和审美形态给人深刻的印象。茶席设计的特征：独特。

现代茶人的雅集席大致有三种。

第一种是一席多人。茶人们为了一个主题或共同的爱好聚集在一起，茶艺师是这个茶会的主人，以艺术品位为旨趣尽情地演绎茶席茶艺，来招待每一个茶人。一席多人的雅集席展示方式，有在茶会中单个一席贯穿活动始终的，但大多数是以一席接一席的方式来展示。

第二种是多席无人。这个无人是指无实际的饮者，多用在将茶席作为中间产品的展出，是茶人们进行的雅趣集合。在这个雅集中，茶席的设计水平在相互比较中一览无余，茶席设计的不同风格给观览者无限启迪，茶席设计的每个闪光点都被人默默地铭记。

第三种是多席多人。人们带着自己的茶席作品在一个较广阔的空间展示，给每一位观览茶席的饮者展示茶艺，给饮者完美的茶席体验。这类茶席展示是茶人们最广泛的活动。

不同类型的雅集反映出雅集席一致的设计特点。第一，主题鲜明，风格独特。茶席的艺术性要求较高，特别是在造型艺术的表现上。要在现实中或在茶人内心的评估中脱颖而出，紧扣主题和演绎风格来设计茶席是较好的方法。第二，审美距离的把握。在日常生活中，雅集席比自珍席和宾至席与饮者的距离稍远一些，但又比舞台席近一些，这种距离也反映在雅集席的审美距离上，它应该呈现出超越于生活的审美形态。第三，茶汤的呈现。除了多席无人的茶席试图造就纯粹的审美外，雅集席应该给每一位观览者提供茶汤以品鉴，它以艺术化的茶席集会反映出平等、自由的宗旨。

（4）舞台席

舞台席是在舞台表演时展示的茶席，应符合舞台艺术的要求。茶席设计的特征：夸张。

舞台席面临以下三个挑战：

一是舞台的限制性。这里包括舞台空间的限制、与观众保持距离的限制和茶汤供给的限制。这些客观因素势必造成茶席主题表现的限制和茶汤美观程度的缺憾。因此，在茶席设计中要尽可能夸大一些形式元素，唤醒观众的想象力，让观众用想象力来补充和升华自己的直观感觉。

二是舞台美术的要求。舞台席面临灯光、布景、化妆、服装、音响等舞台效果的基本要求，其布景和空间具有假定性的特征，其服装、化妆需要符合灯光的渲染效果。这些特点和要求要纳入茶席设计的创作构思之中，来呈现出具有舞台魅力的茶席。

三是舞台的情感要求。茶席作为茶艺表演的形式载体，在日常生活中其表现形式是舒缓的、亲切的和内敛的，但在舞台的场合，它的对象不是一个人或若干人，而是一个剧场或一个广场的所有人，它的亲切要能波及整个剧场或广场的每一位观众，因此舞台席的情感表达更为奔放、夸张、细腻。

舞台席的设计一般用繁复、典雅和壮丽的风格来体现，也常用多席的、空间格局连接的大型茶席来掌控舞台。舞台用以表演茶艺，所以主体的设计部分会做较多的考虑，如果主体设计得比较郑重，茶席的实物部分应铺展得清雅一些。

四、茶席设计技巧

茶席设计既是一种物质创造，也是一种艺术创造。茶席中各种元素的摆放与合理配置以及技巧的掌握和运用都至关重要。朱红缨教授在《中国式日常生活：茶艺文化》中对此有系统论述，我们可以参考。

茶席设计主要解决"茶、水、器、火"如何编排放置在"境"中的问题，从扩大的概念来讲，还包括茶艺师如何置身"境"中，"境"对于观众的呈现等内容。为了叙述方便，我们将"茶、水、器、火"的组合称为主角，将与主角关联的配饰、装点称为配角，将承接主配角的支撑台称为席面，将提供茶席空间结构和范围的格局称为空间，将茶艺师和观众称为主体，那么茶席设计就由主角、配角、席面、空间和主体设计五大部分组成。茶席设计主题确定后，设计者再陆续选择相应的茶席元素。

（一）主角设计

主角设计是整个茶席设计的焦点，茶叶的选取，水的盛放，火的来源，主泡器、品饮器的选择，茶汤与叶底的呈现，辅器与主泡器的一致性，茶艺流程设计的影响，主角的文化内涵、色彩系列、形状造型等，都是茶席设计中需要考虑的核心内容。一般来说，在主角选择与设计时，主要突出其实用的功能，因此它对器具的要求是节约的。由于茶内敛的个性，主角的风格也趋于含蓄，色彩不能太多，不宜有过强的设计感，并且越是接近主泡器越要内敛。

（二）配角设计

与茶艺密切关联的配角，有与饮茶适配的茶点及茶点碟，有"挂画、插花、点茶、焚香"生活"四艺"之其他三项，有"琴棋书画诗酒茶"七雅事之其他六项，有用于协调装扮的工艺品、日用品，如盆栽、屏风、工艺美术品（竹匣、博古架、剪纸、软装饰布帘等）、能唤醒记忆的日常生活用品、民俗器物、农作物及自然风景造型等。

配角设计除了诠释主题、与主角风格一致外，还有一个重要的功能，即弥补主角过于节约、内敛而产生的造型设计不足之感。因此，配角的选择和陈列可以略微夸张、突出一些，均衡空间布置的美感，突出个性化的表达。

（三）席面设计

席面设计是指对主配角器具放置的面或面的组合，以及它们的材料、形状、色彩等进行设计。席面设计主要回答如何衬托主角与配角、保护和满足主角功能的实现，进一步体现主题与风格等问题。设计席面的形构，是用平面、立体的设计，还是多席的设计，必须视茶艺的主题呈现和功能要求而定，并兼顾茶艺师设计作品的全面把控能力。

主配角色彩和席面材料色彩的组合要符合其规律性，色彩搭配可以采用诸如色调配色、近似配色、渐进配色、对比配色、单重点配色、分隔式配色等组合原则来突出主题。设计席面不是为了铺垫而铺垫，而是这些材料和色彩的利用，必须能进一步体现作品风格一致的形式美以及满足茶艺的功能性要求。

从席面形构讲，有平面席、立体席，有一席、二席、多席的。一般来说，取法典雅、稳重的，利用平面席比较多；取法古趣、田野的，设计成立体席的较多。平面席，即主角和大部分配角都在一个平面上，席面设计整齐、有规则、一目了然，给人以坦然、轻松、中规中矩之美感。立体席，即主、配角都分布在不同的平面上，常见的如烧水器放置在矮几上，与主席面错开；用具列架和平面席组合构造明暗相间的视觉效果；设计成山涧泉石的曲折席面，如流水般依次布置主配角等。立体多席面设计或曲折，或跌宕，恰到好处，给人以复杂、合韵、延展的美感。一席、二席、多席，是指茶艺作品以完整的一套主角布置计算需要的茶席个数。多席的茶艺作品，以中国台湾的"四季茶席"最为经典，韩国也有"仁、义、礼、智、信"的五席设计，传播甚广。一席、二席、多席设计，主要是为了满足茶艺本身的需要，席面越多，在扩大茶席规模效果的同时，考虑到的其他因素就会越复杂，如太过一致有呆板之嫌，太过变化又有可能杂乱无章，还有表演者的介入、主题的集中等，这些都反映出茶艺师对作品的把控能力。

（四）空间设计

空间设计展现茶席的三维空间格局，主要是指各席面及配饰在前后、上下、左右空间上的排列组合，包括席面的内容、形构、数目及空间分布与配置。

茶席空间布局的核心，就是要紧紧围绕看不见的中心点，来安排各种器物的比例关系。茶艺创作和表演也都是围绕这个中心来展开，在流动中体现不偏不倚，观众的视觉同样聚焦在这个中心点上。

空间设计的格局类型有：

1. 均匀型分布格局

均匀型分布格局是指各器物、席面之间的距离相对一致。这种类型在教学中最为常见，主泡器、品饮杯、茶匙组、插花等主配角排放整齐、有序，可以使学习者建构起初步的位置与比例关系。

2. 团聚式分布格局

团聚式分布格局是指确立一个中心点，其他材料围绕中心团聚起来，形成中心辐射或若干中心团块的效果。这个中心点一般由主泡器担任，体现在单个席面上，有主配角的圆形摆放作为对称的设计，或彗星般团聚运动的不对称设计。空间设计使用此方法的也很多见，茶艺师要把握好对称时的不呆板感和不对称时的平衡感。

3．线状分布格局

线状分布格局是指同一类型或相似器物呈线形分布。比如，若干个品饮杯以及主、配角其他相似形状的器物连成一线，呈现出绵延感。空间设计还常用些铺陈指代水流或小溪，造成绵延的线形空间来布局茶席。

4．平行分布格局

平行分布格局是指同类型或相似器物平行分布。茶席中最常用的是将品饮杯、点心碟排成一排，以及刻意把主泡器、茶荷、茶匙等排成行，构成三行的平行格局，给人一种有节奏的美感。空间设计时常把背景与席面摆放成平行的格局，多席的空间设计更多用到平行的概念，这种由平行分布格局传达出有序的形式美，更容易被大众所接受。

5．空间连接格局

空间连接格局是指将不同高度、不同类型的席面、背景、配饰等连接起来。有平面的空间连接，如用大面积的材料（竹排、织布、植物、玻璃等）突出特别的形状做铺垫，将多席的茶席或不同类型的主配角集合在一起，扩大了视线的场面；有立体的空间连接，比如，利用树枝、金属笼、伞状物、自然界的造型等，营造一个若有若无的半包围空间，更加明确了茶席的立体空间范围。

（五）主体设计

完成了前面四个环节，作为中间产品的茶席设计作品已呈现在观众面前。但在茶艺界，还必须完成第五项内容——茶艺师的外形设计以及品饮席位的摆放，只有主体进入茶席中，才算完成了完整意义上的茶席设计。

1．茶艺师的选择

主要考虑茶艺师的性别、年龄、气质等是否符合茶艺的主题和风格。比如，一个色彩鲜艳、风格活泼的主题茶席，让年长的茶艺师进入是不和谐的。

2．服装的设计

茶艺师服装的颜色、质地要与茶席的色调风格和谐；其线条、款式要满足沏茶的功能要求，特别是袖口的设计；其造型、文化意蕴应符合茶艺主题的内涵，符合茶艺礼节的要求。

3. 位置与姿态的设计

茶艺师的位置与茶席的中心点、重心等要素密切相关，茶艺师在茶席中是一个亲切平和的沉默者，其最优秀的交流工具是眼神、笑容、肢体，这是茶艺师基本的姿态。

观众品饮席位的设计摆放要增添茶席的美感，比如，线状分布的茶席，座席可以继续延伸线的形状，来呈现出更强的设计感；品饮席还可营造另一个独立的空间，与茶席遥遥相对，相映成趣。在不需要摆放品饮席时，设计的茶席也要让人能清楚地明白对象的位置。

茶席设计最后还有一个命名的工作，特别是茶席作为独立的作品展示，一个好的题目能提升茶艺的艺术水平。茶席命名首先是要概括出明确的主题，主题与茶席的具体表象相呼应。借助古诗词、散文、名言、偈语等内涵丰富又为众人熟知的素材来表达意境，是茶席命名中较为常见的手法。当然，如果不采用茶席名称，而使观赏者观赏到茶席的主题与内涵，并且与设计者的原有想法一致，既是茶席设计的一种最高境界，也表明观赏者与茶席设计者的心灵相通。

五、茶席设计作品呈现

茶席设计的元素与技巧虽然有基本的要求，但在实践中已经有许多的创意与创新。近年来，各种茶席设计大赛涌现了一批新的茶席作品，值得我们关注。

（一）以"民族文化"为特色

1. 以"情定六口茶"为主题

以"情定六口茶"为主题的茶席设计作品（图4.27）为湖北三峡职业技术学院秦雅棋同学所创（2015年全国职业院校"中华茶艺"技能竞赛中茶席设计赛项评比项目）。设计文案如下：

（1）茶席主题：情定六口茶。

（2）所选茶品：茶叶为武陵山脉土家绿茶；配料为阴米、花生、芝麻、黄豆、白糖。

（3）茶具配备：土陶罐、土砂锅、土碗、陶火炉、陶糖罐、陶茶罐、竹筒食盒。

图4.27　情定六口茶

（4）茶席配乐：《土家巴山舞》《六口茶》。

（5）茶席构思及解读：喝你一口茶，问你一句话；喝你六口茶，问你六句话。一口一问，一口一答，男儿以喝茶试探，女儿以筛茶示爱。土家民风淳朴，儿女真情坦荡。土家民歌甜蜜悠扬，唱出岁月悠然，唱出万种风情；罐罐茶香酽味醇，喝出神清气爽，喝出情意长存。情定六口茶，你是我的他（她），真心茶可鉴，携手走天涯！

以竹制茶台、小方桌椅、吊脚楼竹窗、斗笠、蓑衣与大蒜、辣椒等，复原土家人生活场景。远处，绿绿茶山、青青翠竹尽收眼底；院内，清甜井水烹煎的土家罐罐茶浓香四溢。茶盘与小方桌上装饰土家花布，泡茶台以土家织物西兰卡普为基本铺垫，摆置土家罐罐茶的必备茶具。红艳艳的野生蔷薇花预示着土家儿女朴实而坦荡的爱情。整幅茶席民风浓郁，格调清新欢快，符合"情定六口茶"的主题。

2. 以"遥想巴土茶味浓"为主题

以"遥想巴土茶味浓"为主题的茶席设计作品（图4.28）为三峡旅游职业技术学院王成光同学所创（2015年全国职业院校"中华茶艺"技能竞赛中茶席设计赛项评比项目），设计文案如下：

（1）茶席主题：遥想巴土茶味浓。

图4.28　遥想巴土茶味浓

　　（2）所泡茶品：长阳土家粗茶，秋茶过后，叶片变硬，匹张也大，色彩变得黑油油，这时土家人用刀将老茶叶割下，里面还带有两寸多长的茶树枝，以大甑猛蒸、晒干，叶呈黄色。

　　（3）茶具配备：用泥土烧制，一个施釉的土茶壶、四个土茶碗、一个土水罐、一个石磨盘及一个茶叶罐。

　　（4）茶席配乐：《山里的女人喊太阳》，巴土姑娘泡着罐罐茶，跳着摆手舞，唱着土家歌，歌曲唱出了竹篱茅舍好风光，粗茶淡饭乐逍遥。

　　（5）茶席构思及解读："来客不筛茶，家里无哒沙（无礼）"是巴土人好客的反映。居住在鄂西清江流域的巴人，西周就已擅制贡茶，因而得到巴人善制茶的美名，茶圣陆羽的《茶经》有记："巴山峡州出好茶。"茶是巴土人的长寿之秘，更是巴土人的精神食粮。巴土姑娘做得一手好茶饭，能泡好茶，姑娘们总能让原本普通的粗茶绽放出醉人的香味。在那田间垄上，看着那黄澄澄的麦穗，满眼都是茶水、汗水孕育出的希望！

（二）以"生活之美"为表征

1. 以"一片清风梅是主，月落疏影暗香来"为主题

以"一片清风梅是主，月落疏影暗香来"为主题的茶席设计作品（图4.29）为杭州素业茶院创始人陈燚芳所创，设计文案如下：

（1）茶席主题：一片清风梅是主，月落疏影暗香来。

（2）所泡茶品：腊梅花窨制的安吉白茶。

（3）茶具配备：志野茶碗、汝窑品杯、银壶煮水器等。

（4）茶席配乐：《无知》。

（5）茶席构思及解读：丝竹江南，安吉白茶最能代表江南的那份婉约美，在寒冬，腊梅花最能代表这个季节的傲骨，用腊梅花窨制安吉白茶，是季节的呼应，是情结的体现。

远处的青山苍翠欲滴，云卷云舒自在随意，摇曳的微风中，清新淡雅的气息渐隐渐浓，轻轻唤醒鸟语山林。邀两三知己，捧一杯芳茗，只谈风月，不问春秋，只看溪水清浅潺潺，只听茶经流转千年。

图4.29 一片清风梅是主，月落疏影暗香来

2. 以"静水流琛"为主题

以"静水流琛"为主题的茶席设计作品（图4.30）为杭州素业茶院创始人陈燚芳所创，设计文案如下：

（1）茶席主题：静水流琛。

（2）所泡茶品：台湾梨山乌龙茶。

（3）茶具配备：霁蓝茶具、亚克力壶承等。

（4）茶席配乐：《静水流深》。

（5）茶席构思及解读：若琛是古代一位制瓷大师，他做的杯子特别精美，所以后人将精美的瓷杯称为若琛杯。静水，象征为人处事的态度，柔和不张扬，是一种心境，是一种修养。"不以物喜，不以己悲"，在自然现象中去阐释心灵深处那些不能到达的世界，淋漓尽致。

静，就是生命的完满；水，就是生命的本源；流，就是生命的体现；琛，就是承载茶汤生命的蕴藉。

3. 以"西泠映小"为主题

以"西泠映小"为主题的茶席设计作品（图4.31）为杭州素业茶院创始人陈燚芳所创，设计文案如下：

（1）茶席主题：西泠映小。

（2）所泡茶品：九曲红梅。

（3）茶具配备：红釉茶具。

图4.30　静水流琛

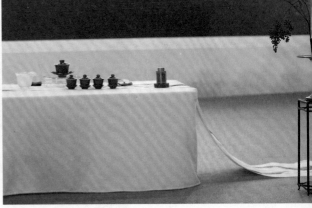

图4.31　西泠映小

（4）茶席配乐：洞箫曲《绿野仙踪》。

（5）茶席构思及解读：一夜春风花千树，梨花繁花似雪。梨花最洁白，最纯真，她从不用娇艳的色彩修饰自己。她蔑视一切虚伪和矫揉造作，也许正因为梨花洁白无瑕，才孕育了一颗芳心，才能结出最甜、最美的果子，就像是我们的茶者初心，用最真诚的态度去爱茶。你从江南烟雨中走来，恰似水墨画迹，浓淡相洇，氤氲了时光流年。你红尘初妆，在细语呢喃中诉说着过往。你于春日的明媚中盛开，似漫天的彩蝶，婀娜曼妙，在岁月萧然中风姿如旧。陌上流年，海角天涯，那一季的繁华，恍若隔世经年的梦，这一世的情长，缭绕在这悠悠的茶香中，携一杯清茶，清守一段心仪的时光。春花秋月，柔情似水，夜月一帘幽梦，半梦半醒间，轻舞惊鸿现，静水深流，浮生远长，胜却风情万种，半熏半醉中，幽兰思梦归，浮沉漂泊，几经辗转，数历颠簸，金风玉露一相逢，胜却人间无数。

（三）以"诗意哲理"为走向

1. 以"竹林听禅"为主题

以"竹林听禅"为主题的茶席设计作品（图4.32）为江西环境工程职业学院王桢同学所创（2015年全国职业院校"中华茶艺"技能竞赛中茶席设计赛项评比项目），设计文案如下：

（1）茶席主题：竹林听禅。

（2）所泡茶品：仙芽（红茶），其外形条索紧细秀长，金黄芽毫显露，锋苗秀丽，色泽乌润；汤色红艳明亮，香气芬芳，馥郁持久，似苹果与兰花香味，滋味醇厚，叶底鲜红明亮。

（3）茶具配备：紫砂壶一只、玻璃公道杯一只、青釉仿古陶瓷品茗杯五只，辅助用具若干。

（4）茶席配乐：《竹林听雨》。

（5）茶席构思及解读："竹生空野外，梢云耸百寻。"喜欢竹的枝叶翠绿，喜欢竹的端庄凝重，喜欢竹的文静温柔，喜欢竹的亭亭玉立，喜欢竹的静谧安详。喜欢在竹林中，手捧一杯仙芽，烟袅袅，香淡淡，沉去所有的疲惫，静心冲泡一杯心怡的茶，馨香溢满心头，回归自然最纯朴的意境。心中顿然有了一种感觉：这份诗意原本不属于喧嚣的尘世，而属于清幽的绿竹。

图4.32　竹林听禅

　　独自撑一把绸伞，漫步竹林间。静守时光，携影相随。倾听，远古飘来一曲天籁。雨打竹林的清音，悄悄叩响心钟。轻嗅，叶露馨香，淡淡流转。心境，闪过一阵悸动，背负起无声，远离世俗，远离尘嚣。

　　幽寂，修竹凝妆，静默伫立，高傲地仰望苍茫云山，婆娑的枝叶，挺拔清秀，独具风韵。甘愿隐匿于幽谷，不染一丝尘埃。

　　竹林深处听禅音。感受"人在林中，林在禅中，禅在杯中，杯中悟道"的人生哲理。

2. 以"茶禅一味"为主题

　　以"茶禅一味"为主题的茶席设计作品（图4.33）为中山职业技术学院杨冬妮同学所创（2015年全国职业院校"中华茶艺"技能竞赛中茶席设计赛项评比项目）。设计文案如下：

　　（1）茶艺主题：茶禅一味。

　　（2）所泡茶品：安溪铁观音。其条索肥壮，卷曲紧结，乌黑油润；汤色金黄明亮，浓艳清澈；闻之香馥味醇、沁人心扉；品之滋味浓郁，醇厚甘鲜；回味甘甜，齿颊留香，有"七泡有余香"之美誉。安溪铁观音沐日月之精华，收山峦之灵秀，

图4.33　茶禅一味

得烟霞之滋润，乌黑如铁，形如观音，故名"铁观音"。

（3）茶具配备：仿柴窑茶具，茶壶、公道杯、茶滤、茶荷、煮水壶、茶洗、五品茗杯，另有佛手、念珠、莲蓬、莲花等摆件。

（4）茶席配乐：古琴曲《空山寂寂》。

（5）茶席构思及解读：禅之精髓在悟，茶之意韵在雅。茶与禅均能使人"正、清、和、雅"，即"八正道，清净心，六和敬，脱俗念"。故茶解禅机，禅悟茶道，茶承禅意，禅寓茶中，此所谓"茶禅一味"也。

本作品以此为灵感，着意表达"茶禅一味"中的"正、清、和、雅"。茶席设计通过茶具井然有序的摆放，营造了"八正道"所主张的"正思维、正见、正语、正业、正命、正精进、正定、正念"等严整肃穆的"正"氛围。

茶席采用莲叶茶洗、莲花焚香盘、莲蓬、莲花摆件等，意在表达茶与禅所强调的无垢无染、无贪无嗔、空灵自在、湛寂明澈、出淤泥而不染、濯清涟而不妖的清廉品质，即为"清"。五只品茗杯与一尊莲花香炉富有创意地摆放出具有佛教特色的一角，另有佛手、念珠、莲花等摆件和谐摆放，寓意修禅需"身和同住、口和无净、意和同悦、戒和同修、见和同解、利和同均"的"六和敬"理念，即为"和"。原生态树桩壶垫、朴素的粗麻桌旗、深灰的桌布等共同营造出简单朴素、自然天真的品茗氛围，使观者心领神悟禅的空灵之美，即为"雅"。

投片片茗茶，融滴滴甘泉，飘缕缕清香，得杯杯凝露，品正清和雅，饮禅茶无声。煮水候汤，法海潮音，聆听水火相语，鼎沸声中，品悟人生觉性本然。问道菩提上九天，此行坐下采红莲。洗杯烫盏涤尘垢，煮汤壶中乾坤转。

茶席作品可谓异彩纷呈，呈现出不同的主题风格，以上我们只稍稍列举了部分茶席设计作品，以供参考。茶席的呈现体现了茶席创新、创意的新追求，值得设计者思考和探究。

第三节　茶艺概论

茶艺，是指如何泡好一壶茶的技艺和如何享受一杯茶的艺术。茶艺包括茶叶品评技法和艺术操作手段的鉴赏以及品茗美好环境的领略等整个品茶过程的美好意境，其过程体现形式和精神的统一。

茶艺强调用科学的技法，充分展示茶的色、香、味、形，同时要求展示过程的优美，做到茶美、器美、水美、意境美、形态美、动作美，要求结果美与过程美完美结合，让欣赏者得到物质和精神上的享受。

一、茶艺基本礼仪

茶艺礼仪是指在茶艺活动中表达出的礼节、礼仪。茶艺中的礼节有鞠躬礼、伸掌礼、寓意礼、奉茶礼等；礼仪包括茶艺活动中容貌、服饰、表情、言语、举止等，要求茶艺活动的参与者讲究仪容仪态，注重整体仪表的美。

（一）礼节

礼节指人们在交际过程和日常生活中，相互表示尊重、友好、祝愿和慰问的惯用形式，是礼貌的具体表现方式，主要包括待人的方式、招呼和致意的形式，公共场合的举止和风度等。

在茶艺活动中，注重礼节、礼貌，表示友好与尊重，能体现良好的道德修养，一般不采用幅度过于夸张的动作，而采用含蓄、温文尔雅的动作来表达谦逊与诚挚的情感。

1. 鞠躬礼

鞠躬礼源自中国，指弯曲身体向对方表示敬重之意，代表行礼者的谦恭态度。

鞠躬礼是茶艺活动中常用的礼节，分为站式、坐式和跪式三种。在茶艺表演开始和结束时，主、客间需要行鞠躬礼。根据鞠躬程度可以分真礼、行礼、草礼三种，其中"真礼"用于主、客之间，要求行礼幅度为90°；"行礼"用于来宾之间，要求行礼幅度为45°；"草礼"用于奉茶和说话前，只需将身体向前稍作倾斜，幅度为15°。

（1）站式鞠躬

以站姿为准备，将相搭的两手渐渐分开，贴着两大腿前方慢慢下滑，手指尖触碰到膝盖为止。上半身平直弯腰，弯腰时吐气，起身时吸气。弯腰到位后略作停顿，表示对对方真诚的敬意，再慢慢直起上身，表示对对方连绵不断的敬意。同时手沿腿上提，恢复原来的站姿。

（2）坐式鞠躬

以坐姿为准备，弯腰后恢复坐姿，其他要求同站式鞠躬。若主人是站立式，而客人是坐着的，则客人用坐式鞠躬。

（3）跪式鞠躬

以真礼跪坐姿式为准备，背、颈部保持平直，上半身向前倾斜，同时双手从膝盖渐渐滑下，全手掌着地，两手指尖斜相对，身体倾至胸部与膝间只留一个拳头的位置（切忌只低头不弯腰或只弯腰不低头），身体略呈45°前倾，稍作停顿，慢慢直起上身。同样，行礼动作要与呼吸相配，弯腰时吐气，直身时吸气。行礼的跪式鞠躬方法与真礼相似，但两手仅前半掌着地（第二手指关节以上着地即可），身体约呈55°前倾。行草礼时仅两手手指着地，身体约呈65°前倾。

2. 伸掌礼

伸掌礼是茶艺活动或品茗活动中用得最多的示意礼。当主泡与助泡协同配合时，主人向客人敬奉各种物品时常用此礼。当两人相对时，可均伸右手掌对答表示；若两人并坐或并列时，右侧方伸右掌，左侧方伸左掌对答表示。

伸掌礼要求四指并拢，虎口分开，手掌略向内凹，倾斜的手掌伸于敬奉的物品旁，同时欠身点头并示意"请"，动作要一气呵成。

3. 寓意礼

在长期的茶事活动中形成了一些寓意美好祝福的礼仪动作，在冲泡时不需语言就可以进行交流。

（1）凤凰三点头

用手提水壶高冲低斟反复三次，寓意向来宾三鞠躬表示敬意。

（2）回转法注水

在进行烫壶、温杯、斟茶等茶艺动作时常采用回转法注水。若用右手则按逆时针方向，若用左手则必须按顺时针方向回转注水，则寓意"来、来、来"表示欢迎的意思，如反之，则变成挥手"去、去、去"。

（3）茶壶的放置

茶壶的放置也有讲究，壶嘴不能正对他人，否则，表示请人赶快离开。

（4）斟茶量

斟茶时只斟七分即可，寓意为"七分茶汤三分情意"。

（二）仪容

仪容，通常是指人的外观、外貌。茶艺师应注重气质美和心灵美的培育，表演时可适当修饰仪容，以示对宾客的尊重。

1. 面容

在进行茶艺表演时，要求茶艺师面容清新健康、平和放松、自然微笑，不浓妆艳抹，不涂抹有色指甲油，不使用香水。茶艺师整体以清新、素雅、柔美的形象为佳。

2. 发型

发型要求原则上根据自己的脸型和气质来进行修剪，要给人一种舒适、整洁、大方的感觉。切忌头发凌乱、遮挡视线，染发等。

3. 服饰

茶艺师的服装恬静淡雅、整洁大方即可，以中式为宜，袖口不宜过宽、过大，服装的款式、颜色及质地应根据茶艺表演的主题来进行选择。

（三）仪态

仪态是指人在行为中的姿态和风度。姿态是无声的，是一种"体态语言"，人们在人际交往中常借助人体的各种姿态来进行感情交流。

1. 姿态

姿态是身体呈现的样子。有时姿态的美高于容貌之美。

（1）站姿

女性的站姿是双脚着地并拢，身体挺直，收腹立腰，双肩放松，眼睛平视，头上顶、下颌微收，舌尖顶腭，鼻尖对丹田，面部自然微笑，双手虎口交叉（右手在上，左手在下），置于胸前。

男性的站姿是双脚呈外八字微分开，身体挺直，双肩放松，眼睛平视，头上顶、下颌微收，舌尖顶腭，鼻尖对丹田，面部自然微笑，双手交叉（左手在上，右手在下），置于小腹部。

（2）走姿

女性的走姿是以站姿作为准备，将双手虎口相交叉，右手搭在左手上，提于胸前。行走时移动双腿，身体保持平稳，不可左右摇摆，双肩放松，两脚走成直线，头上顶、下颌微收，眼睛平视前方。

男性的走姿是以站姿作为准备，行走时双臂随腿的移动可在身体两侧自然摆动，但幅度也不宜过大，双肩放松，头上顶、下颌微收，眼睛平视前方。

转弯时，向右转则右脚先行，向左转则左脚先行。如出脚不对，则可并走1步再转弯行走。

（3）坐姿

女性的坐姿是双腿膝盖至脚踝并拢，上身挺直，重心居中，双肩自然放松，头上顶、下颌微收，舌尖顶腭，鼻尖对丹田，双手搭放在双腿之间，右手放在左手上。

男性的坐姿是双腿膝盖垂直于地面，双脚可稍微分开，上身挺直，重心居中，双肩自然放松，头上顶、下颌微收，舌尖顶腭，鼻尖对丹田，双手可分别搭于双腿侧上方。

（4）蹲姿

交叉式蹲姿适宜女性，下蹲时右脚在前，左脚在后，右小腿垂直于地面，全脚着地。左腿在后与右腿交叉重叠，左膝由后伸向内侧，左脚跟抬起，脚掌着地。两腿前后靠紧，合力支撑身体。臀部向下，上身稍前倾。

高低式蹲姿适宜男性，下蹲时左脚在前，右脚在后，左小腿垂直于地面，全脚着地。右脚跟提起，前脚掌着地，以左脚为身体的主要支点。臀部向下，上身稍前倾。

2. 风度

风度泛指美好的举止姿态。在人际交往中，一个人的素质和修养可以通过神态、仪表、言谈举止表现出来。

良好的风度是靠道德修养、文化素质和综合能力来支撑的。风度美要求内外兼修，是内在心灵美和外在容貌美的结合体。

在茶艺活动中，每一个动作都要做到圆活、连绵和轻巧，动作之间又讲究起伏、虚实和节奏感，使观赏者能深深体会其中的韵味。

二、茶艺基本手法

泡茶基本手法是茶艺师必须掌握的基本操作技能，为整套泡茶技艺奠定基础。

（一）持壶法

按壶把的结构不同，将茶壶分为侧提壶、握把壶、飞天壶、提梁壶和无把壶五大类。

1. 侧提壶

（1）大型壶

右手中指、无名指勾住壶把，大拇指与食指相搭，左手食指、中指按住壶盖，双手同时用力提壶。

（2）中型壶

右手食指、中指勾住壶把，大拇指按住壶盖提壶。

（3）小型壶

右手拇指、中指勾住壶把，无名指与小指并列抵住中指，食指前伸略呈弓形按住盖钮提壶。

2. 握把壶

右手大拇指按住盖钮或盖一侧，其余四指握把提壶。

3. 飞天壶

右手大拇指按住盖钮，其余四指握壶把提壶。

4. 提梁壶

右手除中指外，其余四指握住偏右侧提梁，中指抵住盖钮提壶。大型壶（如煮水壶）采用双手法，即用右手握提梁，左手食指、中指按住壶盖。

5. 无把壶

右手虎口分开，大拇指与中指平稳握住茶壶口两侧外壁（食指可抵住盖钮）提壶。

（二）握杯法

1. 盖碗

右手虎口分开，大拇指与中指扣在杯身的两侧，食指屈伸按住盖钮凹处，无名指和小指自然搭扶碗壁。女性可用左手指尖轻托碗底，可略呈兰花指状。

2. 闻香杯

右手虎口分开，手握空心拳状，将闻香杯直接握于手心。也可双手掌心相对作虚拢合十状，将闻香杯捧在两手间。

3. 品茗杯

右手虎口分开，大拇指和中指握住品茗杯两侧，无名指抵住杯底，食指及小指自然弯曲，称为"三龙护鼎"。女性还可以更优雅些，将食指与小指微外跷呈兰花指状，左手指尖还需托住杯底。

4. 大茶杯

（1）无柄杯

右手虎口分开，轻握住杯身。女性还需要左手指尖轻托杯底，并略呈兰花指状。

（2）有柄杯

用右手食指和中指勾住杯柄，大拇指与食指相搭。女性可用左手指尖轻托杯底，并略呈兰花指状。

（三）翻杯法

1. 无柄杯

右手虎口向下，手背向左（即反手）握住茶杯的左侧基部。左手位于右手手腕下方，用大拇指和虎口部位轻托在茶杯的右侧基部。双手同时翻杯，成双手相对捧住茶杯，然后轻轻放下。

2. 有柄杯

右手虎口向下，手背向左（即反手），食指勾入杯柄环中，用大拇指与食指、中指三指捏住杯柄，左手手背朝上，用大拇指、食指与中指轻扶茶杯右侧基部，双手同时向内转动手腕，将茶杯翻好轻置杯托或茶盘上。

三、茶艺演示

绿茶分玻璃杯、盖碗和瓷壶三种冲泡技法。这三种冲泡技法属于大众冲泡法，也常用于黄茶、白茶和花茶的冲泡。玻璃杯冲泡技法，茶叶选用绿茶西湖龙井；盖碗冲泡技法，茶叶选用黄茶君山银针；瓷壶冲泡技法，茶叶选用白茶白毫银针。

（一）玻璃杯冲泡技法，茶叶选用绿茶西湖龙井

1. 备具（图4.34、图4.35）

将玻璃杯（三只）、杯托、玻璃水壶、茶道组、茶荷、茶巾、水盂等放置于茶盘中。

图4.34　备具1

图4.35　备具2

2. 备水

选用山泉水，将水煮沸至100℃备用。泡茶前先用少许开水温壶，再倒入煮开的水备用，主要是避免水温下降过快。

3. 布具（图4.36）

双手（女性在泡茶过程中强调用双手做动作，一则显得稳重，二则表示敬意；男士泡茶为显大方，可用单手）将备好的器具按左干右湿且呈倒"八"字形摆放好。

4. 赏茶（图4.37）

从茶叶罐中取出适量干茶至茶荷，按照从右到左的顺序请宾客欣赏。

图4.36 布具

图4.37 赏茶

5. 温杯（图3.38～图3.40）

将开水逐个注入玻璃杯中，约占茶杯容量的1/3，缓缓旋转茶杯使杯壁充分接触开水，随后将开水倒入水盂，杯入杯托。用开水烫洗玻璃杯一方面可以消除茶杯上残留的消毒柜气味，另一方面干燥的玻璃杯经润洗后可防止水汽在杯壁凝雾，以保持玻璃杯的晶莹剔透，以便观赏。

6. 置茶（图4.41）

用茶匙轻柔地将茶荷中的干茶分别投入各玻璃杯中。按照1：50～1：60的茶水比例，每杯用茶2～3克。

图4.38 温杯1

图4.39 温杯2

图4.40 温杯3

图4.41 置茶

7. 温润泡（图4.42）

以回转手法向玻璃杯中注入少量开水（水量以浸没茶叶为度），促进可溶物质析出。浸润泡时间20～60秒，可视茶叶的紧结程度而定。

8. 摇香（图4.43）

左手托住茶杯杯底，右手轻握杯身基部，逆时针旋转茶杯。此时杯中茶叶吸水，开始散发香气。摇毕可依次将茶杯奉给来宾，品评茶之初香，随后再将茶杯依次收回。

9. 冲泡（图4.44）

采用"凤凰三点头"冲水方法，冲水时手持水壶有节奏地三起三落而水流不间断，以示对嘉宾的敬意。冲水量控制在杯子总容量的七分满，有"七分茶三分情意"之说。

10. 奉茶（图4.45、图4.46）

双手向宾客奉茶，行伸掌礼并示意"请用茶"。

11. 品饮（图4.47）

先观赏玻璃杯中的绿茶汤色，接着细细嗅闻茶汤的香气，随后小口细品绿茶的滋味。

12. 收具（图4.48、图4.49）

按照"先布之具后收，后布之具先收"的原则将茶具一一收置于茶盘中。

图4.42　温润泡

图4.43　摇香

图4.44　冲泡

图4.45　奉茶1

图4.46　奉茶2

图4.47　品饮

图4.48　收具1

图4.49　收具2

（二）盖碗冲泡技法，茶叶选用黄茶君山银针

1. 备具（图4.50、图4.51）

将玻璃盖碗（三只）、茶道组、玻璃盛水器、茶荷、茶叶罐、茶巾、水盂等放置于茶盘中。

图4.50　备具1

图4.51　备具1

2. 备水

选用山泉水，将水煮沸至100℃备用。

3. 布具（图4.52、图4.53）

将备好的器具按左干右湿且呈倒"八"字形摆放好。

4. 赏茶（图4.54）

从茶叶罐中取出适量干茶至茶荷，按照从右到左的顺序请宾客欣赏。

5. 温具（图4.55～图4.57）

将开水注入盖碗内，按照从里往外、逆时针的方向旋转一圈后分别倒入水盂。

图4.52 布具1

图4.53 布具2

图4.54 赏茶

图4.55 温具1

图4.56 温具2

图4.57 温具3

6. 置茶（图4.58）

用茶匙将茶荷中的干茶拨入玻璃盖碗中。

7. 温润泡（图4.59）

以回转手法向盖碗中注入少量开水，水量以浸没茶叶为宜。

图4.58　置茶　　　　　　　　　　　　图4.59　温润泡

8. 摇香（图4.60）

左手托住盖碗碗底，右手按住碗盖，按逆时针方向旋转一圈，让茶叶在盖碗中充分吸收水分，开始散发香气。

图4.60　摇香

9. 冲泡（图4.61、图4.62）

采用"凤凰三点头"的手法向盖碗内注水至碗沿下方，左手持盖并盖于碗上。

10. 奉茶（图4.63、图4.64）

双手向宾客奉茶，行伸掌礼示意"请用茶"。

11. 品饮（图4.65、图4.66）

将盖碗连托端起，提起碗盖置于鼻前，轻嗅盖上留存的茶香；然后刮开茶汤表面浮叶，同时观赏汤色；最后细细品味君山银针的滋味。

图4.61　冲泡1

图4.62　冲泡2

图4.63　奉茶1

图4.64　奉茶2

图4.65　品饮1

图4.66　品饮2

12. 收具（图4.67、图4.68）

按照"先布之具后收，后布之具先收"的原则将茶具一一收置于茶盘中。

图4.67　收具1

图4.68　收具2

（三）瓷壶冲泡技法，茶叶选用白茶白毫银针

1. 备具（图4.69、图4.70）

将瓷壶、茶盅、品茗杯、杯托、随手泡、茶道组、茶荷、茶巾、茶叶罐、水盂等放置于茶盘中。

图4.69　备具1

图4.70　备具2

2. 备水

选用山泉水，将水煮沸至100℃备用。

3. 布具（图4.71）

将备好的器具按左干右湿且呈倒"八"字形摆放好。

4. 赏茶（图4.72）

从茶叶罐中取出适量干茶至茶荷，按照从右到左的顺序请宾客欣赏。

图4.71　布具

图4.72　赏茶

5. 温壶、温盅

先将开水冲入茶壶内，盖上壶盖，双手端取茶壶按逆时针回转一圈后将水注入茶盅（图4.73～图4.75）。旋转茶盅使周身受热均匀，随后分别倒入各品茗杯中（图4.76、图4.77）。

图4.73　温壶1

图4.74　温壶2

图4.75　温盅1

图4.76　温盅2

图4.77　温盅3

6. 置茶（图4.78）

用茶匙将茶荷中的干茶拨入白瓷壶中。

7. 温润泡（图4.79）

以逆时针方向，采用回转法向壶中注入少量热水，水量以浸没茶叶为宜。

图4.78　置茶

图4.79　温润泡

8. 摇香（图4.80）

左手托住壶底，右手按住壶盖，按逆时针方向旋转一圈，让茶叶在壶中充分吸收水分，开始散发香气。

9. 冲泡（图4.81、图4.82）

采用逆时针回转手法向壶中注入热水，随后盖上壶盖。

10. 温杯（图4.83、图4.84）

采用与温壶相同的方法温品茗杯，随后将水倒入水盂。

图4.80　摇香

图4.81　冲泡1

图4.82　冲泡2

图4.83　温杯1

图4.84　温杯2

11. 分茶（图4.85、图4.86）

将壶中的茶汤注入茶盅，再均匀斟入各品茗杯中。

12. 奉茶（图4.87）

向宾客奉茶，行伸掌礼示意"请用茶"。

图4.85　分茶1

图4.86　分茶2

13.　品饮（图4.88～图4.90）

观其色，嗅其香，品其味。按"三龙护鼎"的手法端杯品茗。

图4.87　奉茶

图4.88　品饮1

图4.89　品饮2

图4.90　品饮3

14.　收具（图4.91、图4.92）

按照"先布之具后收，后布之具先收"的原则将茶具一一收置于茶盘中。

图4.91　收具1

图4.92　收具2

关于乌龙茶、红茶、黑茶的茶艺演示，读者可扫描二维码4-5～4-10进行学习。

思考题

1.选配泡茶用具时应注意哪几方面？

2.根据你的体会，谈谈如何进行茶席创作。

3.以生活之美为创意元素，进行一次茶席设计。

参考文献

[1] 程启坤, 姚国坤, 张莉颖 . 茶及茶文化二十一讲 [M]. 上海: 上海文化出版社, 2010.

[2] 余悦 . 中华茶艺（下）: 茶艺基础知识与基本技能 [M]. 北京: 中央广播电视大学出版社, 2014.

[3] 蔡荣章 . 茶席风格的表现 [M]. 台北: 台湾商务印书馆, 2013.

[4] 童启庆 . 影像中国茶道 [M]. 杭州: 浙江摄影出版社, 2002.

[5] 周文棠 . 茶道 [M]. 杭州: 浙江大学出版社, 2003.

[6] 乔木森 . 茶席设计 [M]. 上海: 上海文化出版社, 2005.

[7] 蔡荣章 . 茶席·茶会 [M]. 合肥: 安徽教育出版社, 2011.

[8] 朱红缨 . 中国式日常生活: 茶艺文化 [M]. 北京: 中国社会科学出版社, 2013.

[9] 江用文, 童启庆 . 茶艺师培训教材 [M]. 北京: 金盾出版社, 2008.

[10] 丁以寿 . 中华茶艺 [M]. 合肥: 安徽教育出版社, 2008.

[11] 朱海燕 . 中国茶道 [M]. 北京 : 高等教育出版社, 2015.

【 在线微课 】

4-1　茶席溯源及
概念

4-2　茶席文化结构

4-3　茶席设计技巧

4-4　茶艺基础知识

4-5　广东乌龙茶
茶艺演示

4-6　闽北乌龙茶
茶艺演示

4-7　闽南乌龙茶
茶艺演示

4-8　台湾乌龙茶
茶艺演示

4-9　红茶茶艺演示

4-10　黑茶茶艺演示

茶的交流与传播

第五章

茶不仅仅是中华民族的瑰宝，还翻山越岭，远渡重洋，经过漫漫长路被带到亚洲其他国家、欧洲、非洲和美洲，成为各国人民生活的一部分。茶文化也在世界各地经历了传承与变革，被赋予了新的含义。

第一节　茶路溯源

"丝绸之路"是德国地理学家李希霍芬在1887年出版的《中国》一书中提出的，他将公元前114年至公元127年间连接中国与阿姆河和锡尔河之间的"河间"区域，以及往返印度和中国的丝绸贸易路线称作"丝绸之路"。现在通常意义上的"丝绸之路"，在时间和空间上都有所扩展，指的是连接亚洲、欧洲和非洲的贸易通道网络，可以分为陆上丝绸之路和海上丝绸之路。

一、陆上丝绸之路

陆上丝绸之路可以分为草原丝绸之路、绿洲丝绸之路、南方丝绸之路和茶马古道。

1. 草原丝绸之路

早在公元前 1000 年，草原丝绸之路就已成为游牧民族往来迁徙的大通道。这条道路从黄河中游出发，经蒙古草原，翻越阿尔泰山脉进入哈萨克草原，再经里海北岸、黑海北岸可达多瑙河流域，或经黑海西岸走海路到达欧洲腹地。草原丝绸之路地势平坦，水草丰美，特别适合骑马大队行军，但是气候寒冷、地广人稀，缺少居民点提供给养，最关键的是距离当时几大文明中心太远，绕行到草原丝绸之路要耗费大量时间。

2. 绿洲丝绸之路

公元前 138 年，张骞离开长安出使西域，于公元前 126 年返回长安。几乎同时，汉武帝发动了一系列对匈奴的反击战，霍去病深入大漠，大败匈奴。河西归汉，中原王朝终于拿到了进入西方世界的"钥匙"。

公元前 119 年，张骞第二次出使西域，不但造访乌苏，还派遣副使分别到中亚、西亚和南亚的大宛、康居、大月氏、大夏、安息、身毒、于阗等国，汉朝在西域的威望大大提高。公元前 115 年张骞回国，副使也逐渐回国，并带回许多所到国的使者。从此，中国与中西亚之间的交通正式开启，逐渐形成了绿洲丝绸之路。

绿洲丝绸之路从长安出发，经过关中平原，渡过黄河，进入河西走廊至敦煌。其南道和中道由敦煌出玉门关、阳关，穿越罗布泊到楼兰古城。离开楼兰后，南道沿昆仑山北麓，串起若羌、且末、民丰、和田等绿洲，至皮山、叶城攀登帕米尔高原，进入克什米尔或者阿富汗地区。南道在此一分为二：一路转向东南，经克什米尔进入巴基斯坦和印度，连接整个南亚大陆；另一路继续向西，经坎大哈、喀布尔进入伊朗南部，沿库赫鲁德山南麓到达两河流域的中心巴格达，再穿越美索不达米亚平原到达地中海，通过陆路和海路可达欧洲和埃及。

中道沿天山南麓，经吐鲁番、库尔勒、库车、阿克苏、喀什等绿洲后，或者翻越帕米尔高原西行至塔什干，或者翻越比达尔山口，经过伊塞克湖、塔拉斯、奇姆肯特到塔什干。离开塔什干绿洲后，穿越卡拉库姆沙漠，翻越科佩特山口，到达古城马什哈德（伊朗与印度、中亚、阿富汗之间的贸易中心），再向西到达伊朗首都德黑兰，经过加兹温到达大不里士（伊朗和高加索、土耳其的贸易中心），再向西南穿越小亚细亚半岛，抵达伊斯坦布尔，换由海路可至东欧、南欧和西欧。

北道不经敦煌，自酒泉瓜州穿越莫贺延碛沙漠抵达哈密，或者由哈密向西南越过天山与中道相连，或者向北穿越石门子山口，沿天山北麓西行，经赛里木湖畔、阿拉木图、塔拉斯，至塔什干。北道离开塔什干后的路线与中道一致。

丝绸之路不是简单的几条道路，而是一个庞大的道路交通网络。在不同的自然条件或社会环境下，人们会视情况选择更安全、便捷、畅通的路径，从而保证丝绸之路的畅通。例如，两汉时期匈奴控制哈密地区，经楼兰的中道和南道达到繁荣的顶峰；唐朝时期吐蕃侵扰南线，唐朝战胜突厥控制天山北麓，因北麓气候更为温暖，所以北道在唐朝兴盛。

3. 南方丝绸之路和茶马古道

南方丝绸之路是 20 世纪 80 年代四川和云南学者对中国西南陆路通往境外的古代商道的命名。这条商道始于成都，进入云南之后分为两路，一路从云南西部连接缅甸北部与印度东北部，另一路从云南中部南下进入越南与中南半岛。唐宋时期出现了著名的茶马古道，由四川和云南进入西藏，连接尼泊尔与印度。

中国西南地区与东南亚、南亚之间的民间商道在汉代以前就已存在。张骞出使西域时曾在大夏（今阿富汗）见到有四川的邛竹杖、蜀布出售，因此知悉有蜀国商人经商到了身毒（印度）。公元 69 年，汉王朝政权进入滇西地区哀牢王国，在云南保山设置永昌郡，蜀国通云南的官方商道开通。设立永昌郡后，附近的部落和小国陆续向汉王朝称臣进贡，官道发展为从云南西部出境，通往缅甸、印度。西线灵官道从成都西至邛崃南下，经雅安、汉源、西昌、德昌、会理、攀枝花至大理；东线五尺道从成都沿岷江南下，经乐山、宜宾、昭通、昆明至大理。西线与东线在大理会合，西行经保山、腾冲到缅甸密支那（或由保山南下瑞丽进入缅甸八莫），再西行经印度的阿萨姆至恒河平原，经巴基斯坦、阿富汗至中亚和西亚。自东汉至魏晋，沿途商贸繁荣，也有中国僧人沿这条路前往印度取经。

通往越南的古道也始于汉代。汉晋间走进桑道，由滇中渡南盘江，沿盘龙江南下抵达河内。唐代初期为了与南诏国对峙，往西开步头道，由大理沿红河至越南河内，再由河内出海。这是沟通云南与中南半岛最古老的一条水道。

通往尼泊尔和印度的商道以茶马古道著称，大致分为川藏线、滇藏线和青藏线。川藏线以雅安一带产茶区为起点，经康定后，向北经道孚、炉霍、甘孜、德格、江达（即今川藏公路的北线）至昌都，或者向南经雅江、理塘、巴塘、芒康、左贡（即今川藏公路的南线）至昌都，经过卫藏地区，最终抵达尼泊尔和印度。滇藏线自云南西部普洱一带产茶区，经大理、丽江、香格里拉、邦达至昌都，再由昌都经卫藏地区最终抵达尼泊尔和印度。青藏线（唐蕃古道）从长安出发，经甘肃到青海，过日月山，经大河坝、黄河沿，过玉树清水河，西渡通天河，越唐古拉山口，至西藏聂荣、那曲，最后到达拉萨。

唐宋时期，随着茶叶的盛行，西南地区的茶叶流入藏区，也开启了藏族人民饮茶的历史。公元641年文成公主通过青藏线进藏，茶作为陪嫁之物而入藏。宋朝时为了维护边疆安全，规定以茶易马，严禁私贩，并在四川雅安设茶马互市司。大量茶叶运往甘肃、青海，青藏线由军事要道变成茶道。明朝政府规定使团要经过四川、陕西进出西藏，川藏线正式形成。清朝逐渐从茶马互市制度转换为边茶贸易制度，进入茶马古道沿线的商品种类大幅增加，例如中原的丝绸、布料、铁器和藏区的皮革、黄金、虫草、贝母等，川藏线进一步走向繁荣。

茶马古道对外是与尼泊尔、印度进行商贸的重要通道，对内是汉藏之间的商贸通道，兼有政治管理和文化交流的作用，促进了中国西南边疆的安定稳固。

二、海上丝绸之路

海上丝绸之路的开辟似始于汉代，发展于唐代而全盛于明清。丝绸之路最初是用丝绸换取国外的金、银、铜、珠宝等物，直至17世纪末期，丝绸仍是中国出口的主要商品；中晚唐起，陶瓷上升至出口货物的首位；从宋代开始出口的茶叶，到清代已成为出口货物的首位，19世纪中叶茶叶出口占中国出口西方商品总值的90%。

我国的丝绸，连同养蚕、缫丝、织绸等生产技术，早在周秦时期已经通过东海传播到朝鲜，到汉代又传到日本。据《汉书·地理志》卷二八"粤地"条记载，汉武帝时（前140—前87）我国海船从雷州半岛出发，途经现在的越南、马来西亚、泰国、缅甸，远航到印度半岛南部的黄支国（今康契普拉姆附近），用大批黄金和丝织品换取各国的珍珠宝石等特产。

通过绿洲丝绸之路，中国的丝绸风靡罗马。每年9月，幼发拉底河畔的巴特内就有"成群的富商参加交易会，买卖交易来自中国和印度的物品"。《后汉书·西域传》记载"大秦（罗马）与安息（今伊朗）、天竺（即印度）交市海中，利有

十倍……其王常欲通使于汉，而安息欲以汉缯彩与之交市，故遮阂不得自达"。由于安息占据东西通道的要津，长期垄断丝绸贸易的巨大利润，不希望生产丝绸的中国与消费丝绸的大秦直接联系，中国与大秦不得不努力探索海上通路。直至公元 166 年"大秦王安敦遣使自日南徼外献象牙、犀角、玳瑁，始乃一通焉"。

至东晋，法显从陆上丝绸之路去印度取经，再由海回国。他写的《法显传》记载他搭乘可容纳 300 多人的大商船从恒河口起航，经师子国（今斯里兰卡），后遇大风，迷航至耶婆提（一说今爪哇，一说为南美洲西海岸），重新起航后抵达广州，说明当时的海上贸易已相当发达。

唐朝中期陆上丝绸之路中断后，海外贸易由陆路转向海路。随着海外贸易的发展，我国也拥有了建造大型船舶的能力，船上还拥有当时世界上最先进的航海设备。唐代开辟了从扬州、楚州、苏州和明州越海东渡日本的航线和从广州经南海到东南亚、南亚和阿拉伯地区的航线，宋代的南海航线已经发展到亚丁乃至东非沿岸。

唐、宋时期，中国茶叶对外传播主要是通过扬州、宁波等港口运往韩国、日本等国。郑和在公元 1405 — 1433 年七次率船队远航，最远到达非洲东岸和红海沿岸港口。郑和每到一地都用中国的丝绸、瓷器、茶叶等物馈赠当地统治者，或者换取当地特产，并于回国时邀请各国使节来中国访问。郑和七下西洋标志着海上丝绸之路已发展到极盛时期，政治、外交、军事、经济、贸易与各国的友好往来、文化交流交织在一起，规模之大、范围之广和影响之深，都是空前的。郑和下西洋打开了茶叶之门，外销渐盛。

明末清初，茶禁松弛。与此同时，欧洲人的航海探险与殖民扩张基本完成，形成世界性的贸易网络。外国商船把中国茶从广州、厦门、澳门等港口运往东南亚、大洋洲、欧洲、美洲。威廉·乌克斯在《茶叶全书》中记述："明神宗万历三十五年，荷兰海船自爪哇来中国澳门贩茶转运欧洲，这是中国茶叶直接销往欧洲的最早记录。"荷兰商船运回的茶叶，一部分供荷兰人消费，一部分转运至英国、法国等其他欧洲国家。经海运出口的茶叶最早以绿茶为主，以后武夷茶渐多，中国茶叶为欧洲所广泛接受。

17 世纪中叶以后，饮茶风气漫及法国、德国、葡萄牙和斯堪的纳维亚半岛。18 世纪 20 年代，欧洲的茶叶消费迅速增长，荷兰东印度公司、英国东印度公司和维也纳的奥斯坦公司为了垄断利润巨大的茶叶贸易进行激烈的竞争，茶叶价格在竞争中迅速下降，进一步扩大了茶叶消费。经过四次英荷战争，英国击败荷兰，夺取了海上贸易主导权。1784 年英国议会通过抵代税法案（Commutation Act）将茶税由 100% 降为 12.5%，并规定对华茶叶贸易由英国东印度公司独享，极大地刺激了英国东印度公司的茶叶贸易。19 世纪初以后，英国东印度公司每年从中国进口的商品中，茶叶占总货值的 90% 以上，几乎将所有欧洲公司排挤出广州茶叶市场。图 5-1 是英国画家威廉·约翰·哈金斯绘制于 1820 年的油画《中国海上的东印度公司商船》（藏于伦敦格林尼治国家海事博物馆）。

图5.1　油画《中国海上的东印度公司商船》

早在 17 世纪后期，饮茶习惯就已传入英属北美殖民地，但英国殖民法律不允许其直接与东方贸易，美国所需茶叶由欧洲尤其是英国供应。1773 年的波士顿倾茶事件就是当地人民对殖民统治以及茶叶法的反抗。1783 年，《巴黎条约》允许新大陆国家扩展其海上对外贸易后，美国于 1784 年派出"中国皇后号"前往广州购买茶叶。19 世纪 20 年代以后，美国茶叶进口量约占中国茶叶出口量中四分之一的份额，是唯一仍可与英国在广州国际茶叶贸易中竞争的。

三、万里茶道

万里茶道是 17 至 19 世纪在亚欧大陆兴起的一条重要国际商道，在促进当时的国际经济、文化、宗教交流，促进沿线城市带的兴起与发展等方面的作用，可与著名的古丝绸之路相媲美，在中华文明的外交史和商贸史上占据着不可替代的特殊地位。

俄罗斯是最早获得中国茶叶的欧洲国家之一。历史上，茶从中国经西伯利亚直接传入俄罗斯。1616年，俄国特使彼得罗夫出使中国，在招待宴会上端上来的热牛奶里放着茶叶。这是俄国人了解茶叶的开端。2年后，明朝政府派人携带茶叶数箱前往俄国赠送沙皇，企图打开华茶在俄国的销售市场，未果。1617年，出使中亚阿丹汗国的泰奥门尼茨带回给沙皇的礼物中就有中国茶叶。1638年，瓦西里·斯塔尔科夫出使阿勒坦汗庭，席间他们喝的是茶。临别前阿勒坦汗赠给沙皇许多礼品，有皮货、绸缎以及茶叶二百包（约248千克）。斯塔尔科夫请阿勒坦汗赠以相等价值的貂皮，结果仍按原来方案处理，这是华茶输俄的开端。在品尝之后，沙皇即喜欢上了这种饮品，从此茶便堂而皇之地登上皇宫宝殿，随后进入贵族家庭。

从17世纪70年代开始，莫斯科的商人们就做起了从中国进口茶叶的生意。1689年，中俄签订《尼布楚条约》，俄国商队定期前往北京贸易。由于商队越来越庞大，1728年，中俄签订《恰克图条约》，将中俄边贸的交易地定为恰克图。

为了满足俄罗斯人对以茶叶为主的中国商品的需求，晋商每年在江南产茶省收购茶叶，并投资建厂生产砖茶，再运至中俄边境口岸恰克图交易，俄商们再从恰克图贩运至遥远的莫斯科和圣彼得堡等城市。这条中俄之间的茶叶之路被称为万里茶道。

万里茶道从福建武夷山起，途经江西、湖南、湖北、河南、山西、河北、内蒙古，从二连浩特进入蒙古国境内、沿阿尔泰军台，穿越沙漠戈壁，经乌兰巴托到达中俄边境的通商口岸恰克图。茶道在俄罗斯境内继续延伸，从恰克图经伊尔库茨克、新西伯利亚、秋明、莫斯科、圣彼得堡等十几个城市，又传入中亚和欧洲其他国家。

1857年，马克思在《俄国的对华贸易》中说："中国人方面提供的主要商品是茶叶，俄国人方面提供的是棉织品和毛织品。近几年来，这种贸易似乎有很大的增长。十年或十二年以前，在恰克图卖给俄国人的茶叶，平均每年不超过4万箱；但在1852年却达175000箱，其中大部分是上等货，即在大陆消费者中间享有盛誉的所谓商队茶，不同于由海上进口的次等货……1853年，由于中国内部不安定以及产茶省区的通路为起义部队所占领，起义者抢劫敌人的商队，所以运往恰克图的茶叶数量就减少到 5 万箱，那一年的全部贸易额只有 600 万美元左右。但是在随后的两年内，这种贸易又恢复了，运往恰克图供应 1855 年集市的茶叶不下 112000 箱。"

万里茶道的繁荣推动了我国内地的种茶业和运输业的发展，有力地促进了我国北方草原和俄国西伯利亚的经济与社会发展。随着商道的延伸，中国与欧洲的物质文明与精神文明在这里交汇。

第二节　茶和天下

中国茶艺是茶与艺的有机结合，包含茶之美、手法之美、茶具之美、环境之美、精神之美等，是形式与精神的统一。

中国人对茶道基本精神的理解和而不同。茶界泰斗庄晚芳先生提出"廉、美、和、敬"，意为"廉俭育德，美真康乐，和诚处世，敬爱为人"。林治先生提出中国茶道四谛——"和、静、怡、真"，"和"是中国茶道的灵魂，"静"是修习中国茶道的不二法门，"怡"是茶人在中国茶道实践中的心灵感受，"真"是中国茶道的终极追求。台湾"中华茶艺协会"第二届大会通过的茶艺基本精神为"清、敬、怡、真"，"清"指清洁、清廉、清静、清寂，"敬"指尊重他人、对自己谨慎，"怡"指快乐、怡悦，"真"指真理之真、真知之真。

茶传入不同国家之后，茶文化有了不同的发展。

一、日本茶道

在将中国的茶文化传播到日本的过程中，僧人们起到了很大的作用。753 年，中国高僧鉴真大师东渡日本弘法，也将唐代的茶叶、饮茶风尚传到了日本。平安时代，饮茶在日本贵族和僧侣中蔚然成风。尤其是嵯峨天皇在位期间，日本上层人士对新来的饮茶文化表现出了极大的热情，形成"弘仁茶风"。805 年，最澄在京都比睿山麓种下从中国带回的茶籽，形成了日本最早的"日吉茶园"。806 年学成归国的空海和尚，将带回的茶籽献给了嵯峨天皇。编年体史书《日本后纪》

记载，815 年 4 月嵯峨天皇行幸韩崎港，路过崇福寺和梵释寺，"大僧都永忠自煎茶奉御"，这是日本正史中关于饮茶的最早事例。1191 年，荣西禅师学成归国，他将南宋时蒸青散茶的制法与点饮法传播到日本，还写了日本第一部茶专著《吃茶养生记》，栂尾茶和宇治茶都来源于他带回的天台山茶种。圆尔辨圆、永平道元等日本僧侣，参照中国的径山茶宴、禅苑清规等禅茶文化，发展出日本的寺院茶礼。圆尔辨圆还将径山茶籽种于静冈，并向人们传授仿照径山碾茶制法生产本山茶（抹茶）。

茶文化传入日本后，也有了新的发展。战国、安土桃山时代，足利义政将军将四叠半的同仁斋作为品茶的专用空间。以同仁斋为起点产生的书院式茶道将立式的禅院茶礼变为日本式的跪坐式茶礼，并基本确定了日本茶道的点茶程序。村田珠光简化华美的装饰形式，规定了一整套严格的点茶典则，并融入禅宗的精神，开创了草庵式茶道。武野绍鸥将日本歌论中日本民族特有的素淡、纯净的艺术思想引入草庵式茶道，促进了茶道的民族化。千利休完成了讲究"空寂"的草庵式茶道，缩小茶室面积，茶道用具、茶室布置等一切从俭，茶道的规定动作也大大简化。千利休提倡的"和、敬、清、寂"的茶道精神，对日本茶道的发展影响极其深远。

1654 年，隐元和尚东渡，他传入日本的明代散茶制法和壶泡法是日本煎茶与煎茶道的起源。卖茶翁提倡废除饮茶的繁文缛节，大力推广简朴本真、轻松自由的煎茶道，获得不少京都文人的支持，煎茶道逐渐成为风尚。

日本茶道是一种以饮茶为手段的礼仪规范，它将日常生活与哲学、宗教、美学、伦理、礼仪等联系起来，成为一门综合性的文化艺术活动。日本茶道由茶食、点茶、插花、建筑、道具 5 个要素构成。日本茶道的重点在"道"，旨在修身养性、参悟大道，具有严苛的仪式规范，推崇不对称、简朴、素淡、孤高的审美意趣和平等、互敬、恬淡的道德观念。

日本茶道界的组织形式是家元制度。家元是指那些在传统技艺领域里负责传承正统技艺、管理一个流派事务、发放有关该流派技艺许可证、处于本家地位的家庭或家族。以这样的家庭或家族为首，常常可以扩张出一个庞大的组织。在这种家元制度的支配下，各茶道流派都竭尽全力发展自己的组织，而且新的茶道流派和茶道组织不断涌现。这是日本茶道得以世代相传、永不衰竭的原因所在。

二、朝韩茶礼

关于中国茶最初传入朝鲜半岛的具体时间，由于缺乏明确的文献记载而难以定论。

唐朝时期，我国饮茶风俗普及，盛行煎茶道。《三国史记·新罗本纪》中记载兴德王三年（828年）"冬十二月，遣使入唐朝贡，文宗召对于麟德殿，宴赐有差。入唐回使大廉持茶种来，王使植地理（亦称智异）山。茶自善德王有之，至此盛焉"。为求佛法前往大唐的大批新罗僧人，在回国时也带回了茶、茶籽和茶文化。在新罗时期，茶主要用于宗庙祭礼和佛教茶礼，饮茶法效仿唐代的煎茶法。饮茶首先在宫廷贵族、僧侣和上层社会中传播并流行，人们也开始种茶、制茶。

宋元时期，我国盛行点茶道。高丽茶文化和茶具文化也进入鼎盛时期，韩国茶礼文化也开始形成。高丽初期流行煎茶道，中晚期流行点茶道。这时的茶礼主要有官府茶礼、佛教禅宗茶礼、儒家茶礼、道教茶礼以及平民茶礼，其中佛教禅宗茶礼仿效中国禅门清规中的茶礼。

明末清初，我国盛行泡茶道。朝鲜李朝前期饮茶之风颇为盛行，泡茶道传入并被茶礼所采用，但煎茶法和点茶法同时并存。随着茶礼器具及技艺化的发展，韩国茶礼的形式被固定下来，更趋完备。李朝中期饮酒之风盛行，茶文化一度衰落。至李朝后期，经丁若镛、草衣禅师等人大力提倡，茶礼再度兴盛起来，朝鲜茶文化也进入了成熟时期。

殖民地时期（1910—1945），日本人独占了朝鲜的茶业并推行日本茶道教育。朝鲜战争后，韩国茶礼进入复兴时期，特别是20世纪80年代以来，韩国的茶文化日趋活跃，活动频繁。

以新罗时期的高僧元晓大师的和静思想为源头，经高丽时期的文人郑梦周等人的发展，李奎报集大成，最后在朝鲜时期高僧西山大师、草衣禅师那里形成完整的体系。李奎报将茶礼精神归结为清和、清虚和禅茶一味。草衣禅师在《东茶颂》中倡导"中正"的茶礼精神，指的是茶人在凡事上不可过度也不可不及。韩国茶礼融合了禅宗文化、儒家伦理、道家思想以及韩国传统文化精神，以"和、敬、俭、真"为宗旨，提倡"敬、礼、和、静、清、玄、禅、中正"的精神。

韩国的现代茶礼以泡茶为主，种类繁多，各具特色，主要分仪式茶礼和生活茶礼两大类。韩国茶礼是高度仪式化的茶文化，它以茶礼仪式为中心，以茶艺为辅助形式，通过茶事活动来怡情修性，最终达到精神升华的完美境界。茶礼的整个过程，从环境、茶室陈设、书画、茶具造型与排列，到投茶、注茶、吃茶等均有严格的规范与程序，力求给人以清净、悠闲、高雅、文明之感。

三、英国下午茶

1662年，"饮茶皇后"葡萄牙公主凯瑟琳嫁与英国国王查尔斯二世，饮茶的习惯随之进入英国皇室，饮茶也扩展到王公贵族阶层。女性对茶叶在英国的本土化过程以及在英国社会历史发展中的作用是不容忽视甚至是至为关键的，茶也改变着女性的身份与地位。小姐们通过茶事彰显优雅的举止，夫人们则通过茶事打听或传递信息。

油画《喝茶的一家三口》画面中这个坐在茶桌旁的时髦英国家庭成员，自豪于拥有新潮的、昂贵的银器与瓷器（图5.2）。桌上的茶具是典型的18世纪上半叶风格。受雇创作这种"风俗画"的画家需要描绘主人公们精美的服饰和昂贵的财产，以显示其财富和社会地位。

图5.2　肖像画家理查德·柯林斯创作于1727年的油画《喝茶的一家三口》（藏于伦敦维多利亚与阿尔伯特博物馆）

英国工人也有喝茶的习惯。英国人类学家艾伦·麦克法兰指出，茶叶在英国工业革命中起着至关重要的作用。工业化早期，在高强度、长时间体力劳动条件下，添加了糖和牛奶的茶能让工人集中精力、舒缓压力，并保持充沛的体力。同时，用沸水泡茶可大大降低因饮用不洁的水而患病的概率，工人们更健壮有力。

茶很快成为英国各个阶层的生活必需品。1669 年，英国输入茶叶仅 100 多磅，到 1721 年已突破 100 万磅。英国人的饮茶习惯包含早茶、上午茶、下午茶和晚茶。起床后先喝一杯性质温和、味道清新的早茶。上午 11 点钟给自己 10 分钟的喝茶时间，放松一下紧绷的神经。下午 4 点钟喝下午茶，选用大吉岭茶、伯爵茶、火药绿茶（珠茶）或者锡兰茶等，清饮或者加入牛奶，伴着用三层点心盘盛装的饼干、糕点、水果等佐食。英国人的晚茶分为晚餐前的餐前茶、晚餐后的晚餐茶和临睡前的睡前茶，一般选用较为轻盈柔顺的茶叶。下午茶是英国茶文化真正意义上的载体。一首英国民谣唱道："当时钟敲响四下，世上的一切都瞬间为茶而停。"

下午茶诞生于 19 世纪 40 年代，当时英国人的早餐与晚餐较为丰盛，午餐则一带而过，漫长的下午难免会有饥饿之感。公爵夫人偶然发现可以在下午用茶水和点心，于是她邀请朋友下午来家中做客，并享用精致的甜点与香浓的红茶，得到了朋友的赞美，而后，下午茶便在贵族社交圈内流行起来。下午茶作为社交方式的意义胜过茶叶与餐点本身。名媛淑女可以每天身着华服与亲友相聚谈天而不会受到他人的指责。很多男性同样是下午茶的忠实拥护者，一壶红茶和几盘点心就能让来访的客人有宾至如归的感觉，可以称得上是完美的聚会与议事的形式。英国维多利亚女王认为下午茶是一种极好的消遣与放松的方式，提倡并鼓励全国人民享用下午茶，很大地推动了下午茶文化的发展与普及。

英国人对下午茶具有深厚的情感，80% 的英国人具有饮茶的习惯。华德夫人、夏洛蒂·勃朗特、盖斯凯尔夫人、查尔斯·狄更斯等英国著名文学家，不仅有饮茶的爱好，而且在他们的文学作品中也经常能够看到关于茶具、茶点、茶园的描写。

下午茶对于英国人来说具有丰富的文化内涵。首先，下午茶象征着一种健康的生活方式，象征着人们对自然、休闲、轻松、愉悦与健康的永恒追求。其次，下午茶代表着一种高贵优雅的文化形式，人们在最佳地点，选用最为精美的茶具以及最为精致的茶叶及糕点，穿上最为体面的服装，伴着悠扬的古典音乐，在下午茶盛会中体会这种高贵的文化。再次，下午茶是一种古典哲学风尚的升华，其深层内涵则在于其中所涉及的精神境界和道德风尚。下午茶是英国绅士品格形成的内在推力，人们在茶会中学习并实践如何成为绅士、淑女，如何做到谈吐得体、举止端庄，如何给其他人留下仪表大方的印象。最后，下午茶是英国民族精神与东方处世哲学有机融合的集中体现。英国人将饮茶纳入日常饮食结构，并开发出茶会、茶舞等形式，体现出英国人惯有的个人主义价值观与活泼开朗的性格特征。英国人对于下午茶的场所、着装、内容等方面的要求，如茶具应高贵、协调、细腻、柔和、隆重而不媚俗，又体现出茶道对高雅与端庄、安静与低调、得体与礼仪的要求，蒙上了一层东方处世哲学的色彩。

第三节 区域茶俗

一、俄罗斯

俄罗斯人酷爱浓的红茶，习惯于加糖、柠檬片，有时也加牛奶，而且常伴以蛋糕、烤饼、馅饼、甜面包、饼干等茶点。俄罗斯人喝甜茶有三种方式：一是把糖放入茶水里，用勺搅拌后喝；二是将糖咬下一小块含在嘴里喝茶；三是看着或想着糖喝茶。第一种方式最普遍。

俄罗斯人还喜欢喝一种加蜜的甜茶。把茶水倒进小茶碟，手掌平托茶碟，用茶勺送进嘴里一口蜜（或者自制果酱）后含着，接着将嘴贴着茶碟边，带着响声一口一口地呷茶。这种喝茶的方式俄语中叫"用茶碟喝茶"。在18、19世纪的俄国乡村，这是人们比较推崇的一种饮茶方式。

另外，俄罗斯人喜欢用茶炊煮茶喝，有"无茶炊便不能算饮茶"的说法。在不少俄国人家中有两个茶炊，一个在平常日子里用，另一个放在专门的小桌上或茶室里，只在逢年过节时才启用。

在现代俄罗斯人的家庭生活中仍离不开茶炊，只是变成了电茶炊。人们用瓷茶壶泡茶，茶叶量根据喝茶人数而定，一般一人一茶勺。冲泡3～5分钟之后，给每人杯中倒入约　杯泡好的浓茶，用茶炊中的热开水将红茶冲淡至适合的浓度，最后加入柠檬片、糖、蜂蜜等调味。尽管平时使用瓷茶壶，但每逢隆重的节日，俄罗斯人一定会把茶炊摆上餐桌，亲朋好友围坐在茶炊旁饮茶才尽兴。

二、印度

1780 年，英国东印度公司从中国广州携茶籽至印度，种植在加尔各答。1833 年，英国政府废除了东印度公司在中国茶叶贸易中的特权，东印度公司开始在印度经营茶叶生产。英属印度时期，印度人尚无饮茶习惯，茶叶生产主要是为了出口。受世界经济危机及"二战"的影响，国际茶叶市场萎缩、茶叶囤积、茶价下跌，茶商才着力开发印度本土市场。1953 年，印度设立茶叶局，将原英属印度公司经营管理的茶园承包给大公司或者私人经营，茶叶生产种植的零碎化不但激发了民众的种植热情，也向民众普及了与茶相关的知识。政府当局和本土商人也通过文学、影视、艺术作品、广告宣传等形式介绍富有本土特色的饮茶知识和符合印度人口味的熬煮方法。由此，茶逐渐成为跨地域、跨种族、跨宗教的全民饮料，印度成为世界上最大的红茶消费国，国内消费约占国家产茶总量的 80%。

与东亚地区的清茶不同，印度人习惯将茶叶（主要是红茶）、砂糖和牛奶一起放入锅中熬煮，另加入各种香料调味，这样制成的香料茶称为马萨拉茶。贵族会加入豆蔻、茴香、肉桂、丁香和胡椒等多种香料，穷人则一般只加生姜和小豆蔻两种。所加香料品种和数量，决定了每家的茶的独特味道。印度奶茶中就含有较高热量，成为中午 12 点与晚上 9 点这两餐之间的抗饿良方。在印度北方，奶茶的做法是在煮沸的牛奶中加入红茶共煮，而印度南方讲究"拉"，牛奶和浓茶在两个杯子间倒来倒去，在空中拉出一道棕色弧线。印度人喝茶时，把茶斟在盘子里，伸出舌头去舔饮，因此也称为"舔茶"。

三、缅甸、泰国

与中国云南的少数民族一样，缅甸和泰国的人们有吃腌茶的风俗。腌茶，名为茶，其实更像是一道美食，通常在雨季腌制，先将茶树的嫩叶蒸一下，再用盐腌，最后加上香料等其他佐料，放进嘴里细嚼。这里气候炎热，空气潮湿，而腌茶吃起来又香又凉，所以腌茶成了当地世代相传的一道家常菜。在呈上腌茶时，往往在盘子周围摆一些炸蒜片、芝麻、花生、鱼干和小虾等配菜。

他们还有喝"冰茶"的习惯，常常在热茶中加入一些小冰块。由于气候炎热，饮用此茶使人倍感凉快、舒适。

四、马来西亚

马来西亚是一个由马来人、华人、印度人等组成的多种族国家，饮茶习惯也多种多样，红茶、绿茶、乌龙茶、普洱茶、花茶等均有一定的消费人群。

拉茶是马来西亚人最喜爱和饮用最普遍的含茶饮料。拉茶的制作过程比较特别，先将红茶泡好，滤出茶渣，并将茶汤与炼乳混合，倒入带柄的钢铁罐内，然后一手持空罐，一手持盛有茶汤的罐子，将茶汤倒入空罐，交替反复不少于7次。由于茶汤在倒入过程中，两手持罐距离由近到远，近似于拉的动作，故名"拉茶"。马来西亚拉茶制作除配料要求严格以外，"拉"是关键技术。对茶汤的反复拉制使茶汤和炼乳充分混匀，口感更为顺滑，又使茶香与奶香获得充分的发挥，表面还会有细密的泡沫。这也是无论华人还是马来人、印度人、欧洲人都酷爱饮用充满南洋风味的拉茶的原因。

五、伊朗

伊朗是一个政教合一的伊斯兰教国家，社会的各个方面都受伊斯兰教的影响。伊斯兰教是禁酒的，伊朗人认为茶不像酒那样使人迷失本性，所以茶在伊朗人的生活中具有很重要的地位。许多伊朗人每天非茶不欢，而每天喝茶的次数也多得惊人。伊朗人品茗的方法也十分独特，端上红茶后取一块特制的方糖直接放在口中，含着吸茶。茶必须是琥珀色的纯茶水，杯子里不能含有茶叶渣滓。糖块融化的多少决定茶水的甜度，用这种饮茶方式，可以根据自己的口味调节茶水的甜、涩、香等。

伊朗人泡茶时用水壶烧开水，茶壶里装茶叶。沸水冲入茶壶后，将茶壶放在水壶上面，继续加热5分钟左右，再倒入茶杯。茶壶里的茶水凉了，也是用这种方法加热。伊朗人相信蒸汽蒸过的茶水颜色更加明亮，味道更加浓郁。

六、土耳其

土耳其每年人均茶叶消费量超过 3 千克，居世界第一。土耳其人爱吃烤肉、奶酪和甜食，喝茶可以解腻、降脂减肥并保护牙齿。通常在每天的早饭、午饭前后甚至是每一餐后，土耳其人都要喝两杯红茶，平均每天要喝 15 ～ 20 杯。而在黑海附近居住的土耳其人每餐都会将茶与食物一同食用。

土耳其人的生活中，茶无处不在。在土耳其的大街上，茶馆、茶摊星罗棋布。还有许多走街串巷的卖茶郎，手里提着一个大圆银盘，上面放着装有热茶的茶壶、方糖盒、小托盘和许多放着小茶匙的玻璃杯，一声招呼立马有茶送到。茶不仅仅是饮料，还是一种社交催化剂，无论是家人间的亲密、工作上的商谈还是朋友间的交谈，都有茶相伴。

土耳其人用一种双层茶壶煮茶，底层大茶壶盛满清水放在炉子上，等水煮开时，把大壶里的开水注入装着茶叶的上层小茶壶，然后再煮上片刻，利用大茶壶内沸水的蒸汽将上层小茶壶的茶叶煮出味道。最后把小壶里的茶，根据每个人所需的浓淡程度，多少不等地倒入郁金香形的小玻璃杯里，用大壶里的沸水调成不同浓淡，最后加上一两块方糖，搅拌数下便可喝了。土耳其人追求色泽红润通透、香气扑鼻、滋味甘醇的红茶。

七、荷兰

1607 年，荷兰人从澳门最先贩运中国茶至欧洲。1655 年，广州官员宴请来贩茶的荷兰人时，将牛奶加入茶水中掺饮，这也是当时清朝宫廷和皇室饮茶的习惯。荷兰旅行家尼荷称："西方奶茶之起，即源于此。"

欧洲人喝茶始于荷兰，后流行于英、法等国。起初茶价昂贵，上流社会以茶作为养生和社交的奢侈品，以别致的茶室、珍贵的茶叶和精美的茶具而自豪。客人来访时，主人会迎至茶室，打开精致的茶叶盒，任客人挑选喜欢的茶叶，放进瓷茶壶中冲泡，每人一壶。

荷兰女性最乐意接受这种饮料，喜欢在下午两三点举行茶会。1701 年上演的喜剧《为茶着迷的妇人》描写的就是荷兰的上流社会的妇女邀请要好的女性朋友在下午两三点钟来喝茶，一边喝茶一边闲聊，喝上一二十杯才罢休的场景，备具、选茶、冲泡、加糖、奉茶，一招一式都格外认真。由于中国瓷茶杯没有把手，喝茶时要将茶汤从小杯倒入小碟，用嘴啜饮，并发出很响的声音以示对茶和女主人的赞美。

到 17 世纪下半叶，茶叶输入量骤增，茶价下跌，于是饮茶之风普及整个社会。饮茶大众化后，商业性茶室、茶座应运而生，普通家庭中也兴起饮早茶、午茶、晚茶的风气，而且十分讲究以茶待客的礼仪，从迎客、敬茶、寒暄至辞别，都有一套严谨的礼节，融合了东西方礼仪。

目前，荷兰的饮茶之风依然存在，大约 80% 的人饮茶，年人均茶叶消费量约为 700 克。荷兰卫生委员会建议民众每天饮用三到五杯红茶或绿茶以降低发生高血压、糖尿病和脑卒中的风险，学校也会在午餐时间为学生们准备各式茶饮。荷兰本地人爱喝加了糖、牛奶或柠檬的红茶，旅居荷兰的阿拉伯人则爱饮甘冽、味浓的薄荷绿茶，而在几千家的中餐馆里，幽香的茉莉花茶最受欢迎。

八、美国

中国的茶叶自 16 世纪由荷兰人通过海上贸易传入欧洲，再由欧洲移民带入北美。17 世纪中叶纽约就已经有人饮茶。由于大量欧洲移民涌入美国，以及美国从与中国的茶叶贸易中获取的丰厚收益，饮茶从 18 世纪初开始逐步风靡美国。1712 年，波士顿、纽约各地的药房都出现印有出售乌龙茶和绿茶的广告。到 19 世纪末 20 世纪初，美国已经成为世界茶叶主要进口、消费国之一。

美国人的饮茶习俗最初是参照英国的，随后逐渐变得更随意、实用和时尚。首先，美国人生活节奏快，追求方便快捷，于是发明了袋泡茶、速溶茶和瓶装茶。其次，美国人开创了茶的冷饮方式——冰茶。红茶冲泡后去茶渣，或用速溶茶冲泡，放入冰箱中冷却，饮用时根据不同口味加入冰块、柠檬、果汁、薄荷、方糖或蜂蜜等。冰茶在美国市场的消费量巨大，且逐年上升。再次，美国茶具有多样性、包容性的特点。

九、北非国家

摩洛哥、突尼斯、利比亚、阿尔及利亚等北非国家是世界上重要的绿茶消费国。北非人民爱喝薄荷绿茶。在茶壶中注入凉水并投入适量茶叶，水沸后再煮 3～10 分钟，快煮好时加入新鲜的薄荷叶。茶煮好后，将茶水倒入另一只茶壶里，然后加入白糖，再倒入小玻璃杯。经过这样煮制的茶水，又浓、又香、又甜，饮后精神焕发。

北非也有客来敬茶的习俗。客人到来，主人先敬茶三杯，客人一连饮尽，方合礼节。客人入席后，大家一边喝茶，一边聊天。

十、马里

马里人好饮绿茶，随处都能买到小盒装的中国绿茶。他们追求浓烈的口感，所以喝眉茶，并以夏秋茶为上品。

马里人用小炭炉煮茶。按照喝茶人数选择大盒或小盒的茶叶，整盒倒入带滤网的金属茶壶，注入凉水，还可以放几片薄荷叶子，然后放在小炭炉上，加盖煮沸，再开盖煮 10 分钟左右，然后将煮好的浅褐色茶汤倒入另一个事先放有一两勺糖的茶壶里。一壶倒完，茶叶全部丢弃。

马里人饮茶用两只小玻璃杯，将茶汤从第二只茶壶倒入一个玻璃杯，然后在两只玻璃杯之间倒来倒去以加速冷却。两只小杯距离越大，泡茶者技艺越娴熟；产生的泡沫越多，茶越好。

十一、澳大利亚

澳大利亚人饮茶深受英国风气影响，爱喝红碎茶，习惯一次性冲泡，并滤去茶渣，再以糖、牛奶、柠檬或其他果汁调味。他们特别钟爱茶味浓厚、刺激性强、汤色鲜艳的红茶。以前澳大利亚每个政府部门、工作单位都有茶伺，每天上午10：30 和下午 3：30 左右，茶伺会推着装有点心、茶、咖啡的推车，召集大家聚在一起，喝茶谈天。但是随着生活节奏的加快，这样的下午茶在澳大利亚已经基本消失了。

　　澳大利亚农村还流行一种奇特的茶壶舞。当茶壶中的水煮沸时，放入茶叶并将茶壶提起，绕着身子舞动，越舞越快而茶汤不洒。然后速度渐慢，停止舞动时壶中的茶叶和沸水已充分搅匀，主人便开始向宾客敬茶。

　　另外，澳大利亚的亚洲移民，尤其是华人，仍保留着饮用绿茶的习惯。

1.陆上丝绸之路是亚欧之间庞大的道路交通网络，随着社会环境与气候条件的改变而不断变化。请简要描述陆上丝绸之路在不同时期的发展与变化。

2.海上丝绸之路是一个全球性的贸易网络，茶不仅仅是一种广受欢迎的中国商品，茶叶贸易背后巨大的利益也使其成为世界史中不容忽视的一环。请谈谈日韩僧侣、郑和下西洋、荷兰东印度公司、英国东印度公司、波士顿倾茶事件在茶的海外传播中的作用。

3.茶传入不同国家后，发展成不同的茶文化。请简单描述日本茶道、韩国茶礼、英国下午茶的特征与精神内涵，及其与中国茶道在精神追求、审美意趣上的共性与差异。

4.英国的下午茶、印度的马萨拉茶与马来西亚的拉茶，同样是以牛奶和茶为主要原料，因为不同国家的气候条件与民众的口味偏好，形成了各有特色的茶饮。请谈谈它们的区别，以及产生这些特色的原因。

参考文献

[1] 李伟.穿越丝路：发现世界的中国方式 [M]. 北京：中信出版社，2017.

[2] 彼得·弗兰科潘.丝绸之路：一部全新的世界史 [M]. 邵旭东，孙芳，译. 杭州：浙江大学出版社，2016.

[3] 李晓鹏.从黄河文明到"一带一路"：第 1 卷 [M]. 北京：中国发展出版社，2015.

[4] 屈小玲.中国西南与境外古道：南方丝绸之路及其研究述略 [J]. 西北民族研究，2011(1): 172-179.

[5] 蔡清毅.建茶在海上丝绸之路中的地位与历史影响研究 [J]. 福建茶叶，2015, 37(6): 3-7.

[6] 程启坤.海上茶路及其对世界的影响 [J]. 茶博览，2015(2): 32-35.

[7] 庄国土.从丝绸之路到茶叶之路 [J]. 海交史研究，1996(1): 1-13.

[8] 陈炎 . 略论海上"丝绸之路" [J]. 历史研究，1982(3): 161-177.

[9] 温泉 . 刍议英国的下午茶文化 [J]. 福建茶叶，2015, 37(6): 209-211.

[10] 马克思恩格斯全集：第 12 卷 [M]. 中共中央马克思恩格斯列宁斯大林著作编译局，译 . 北
京：人民出版社，1998.

[11] 周惠芳 . 浅析印度茶为"国饮"的历史推力与现实阻力 [J]. 商，2016(28): 130, 144.

[12] 黄剑，涂雨晨 . 论美国茶史及美国茶文化特色 [J]. 农业考古，2014(2): 311-314.

[13] 刘文雄 . 简论日本茶的起源、发展、创新 [J]. 饮食文化研究，2006(2): 69-80.

[14] 成杨 . 日本茶道与历史人物 [J]. 茶叶通讯，2012, 39(1): 32-34.

[15] 刘项育 . 韩国茶礼及其现代价值 [J]. 饮食文化研究，2006(2): 81-85.

【 在线微课 】

5-1 世界茶文化
溯源

5-2 中国茶的传
播路

5-3 世界饮茶区
域特色

5-4 世界饮茶
方式

5-5 绿意葱茏的
日本茶

5-6 优雅复古的
英式下午茶

第
六
章

茶
的
成
分
与
利
用

茶叶中的化学成分是茶叶色、香、味形成的关键，也对人体健康起着重要作用。

饮茶是人们从茶中汲取营养成分的传统方式，然而随着茶叶功能性成分分离鉴定技术的成熟，已能获得高纯度的儿茶素、茶多糖、茶黄素等功能物质，可以以这些功能物质为原料应用于其他领域，如医药、保健、食品、日化用品、纺织业等，也就是说，通过茶的深加工，茶的利用方式已不单局限于饮茶，还可以吃茶、用茶。茶的深加工拓展并提升了茶的利用价值。

第一节　微观识茶

到目前为止，茶叶中经分离、鉴定的已知化合物达700多种。从比例上来看，茶鲜叶中，水分约占75%，干物质约占25%。在茶叶的干物质中，有机化合物占绝大部分，占93.0% ~ 96.5%；无机化合物占其余部分，即3.5% ~ 7.0%。茶叶中不同类别的有机物、无机物的组成比例见图6.1。

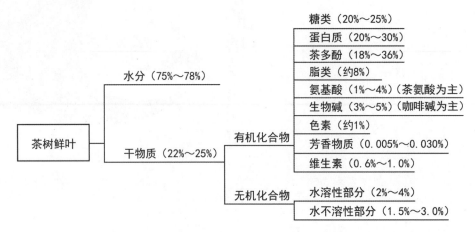

图6.1　茶叶中的化学成分

从图 6.1 中可以知道，鲜叶中水分与干物质的含量之比约为 3 : 1，那么通常 2 千克茶鲜叶可以制成 0.5 千克干茶。但干茶并非不含一点水分，一般名优绿茶的含水率为 5% ～ 7%。另外，对于这些纷繁复杂的数百种、十几大类茶叶化学成分，可以将其分为 4 个层面来理解。

一、产量成分

茶叶的产量成分，即与茶叶的产量密切相关的化学成分。在茶叶干物质的化学成分组成中，糖类、蛋白质、茶多酚以及脂类这四种化学成分的占比均显著高于其他成分，因此被称为茶叶的产量成分。

二、品质成分

品质成分，指影响茶叶品质（包括色、香、味）的成分。叶绿素、胡萝卜素、多酚类等会影响茶叶的色泽；茶叶的香气则与香气物质的种类、比例有关；茶叶的滋味与多酚类、氨基酸类以及生物碱类有关。

三、营养成分

茶叶含有的人体必需营养素见表6.1。

表6.1　茶叶中所含的人体必需营养素

A. 必需氨基酸	8种，包括异亮氨酸、亮氨酸、苯丙氨酸、甲硫氨酸、酪氨酸、赖氨酸以及缬氨酸
B. 必需脂肪酸	1种，亚油酸
C. 维生素	13种，包括4种脂溶性维生素：维生素A、维生素D、维生素E、维生素K；9种水溶性维生素：维生素B_1、维生素B_2、维生素B_6、维生素B_{12}、烟酰胺、泛酸、叶酸、生物素、维生素C等
D. 无机盐	常量元素：钙Ca、磷P、镁Mg、钾K、钠Na、氯Cl、硫S；微量元素：铁Fe、铜Cu、锌Zn、锰Mn、钼Mo、镍Ni、硒Se等
E. 水	
F. 黄酮类化合物	如 茶多酚

四、功效成分

功效成分，即能通过激活体内酶的活性或其他途径调节人体功能的化学成分。饮茶有助健康，即与茶叶中的功效成分相关，如茶多酚、咖啡因、氨基酸等。对茶叶化学成分4个层面的理解中，功效成分最重要，且最具实际应用价值。

第二节　特征性成分

第一节将茶叶中的化学成分进行了概括讲述，本节具体介绍茶叶中的特征性成分。

茶叶的特征性成分需要满足以下三个条件：①茶叶中特有的。其他植物中没有的或者其他植物里含量很少而茶叶中含量非常高的。②在水中具有较好的溶解度。在沸水中很难浸出的化学成分难以被人利用，故不能作为特征性成分。③能被人体吸收，且具有一定的功效。茶叶的特征性成分，通常包括茶多酚、咖啡因以及茶氨酸。

一、茶多酚（Tea Polyphenols）

茶多酚类，也称茶鞣质、茶单宁，是一类存在于茶中的多元酚的混合物，是茶叶中多酚类物质的总称。茶多酚在茶中含量高、分布广、变化大，与茶树的生长发育、新陈代谢和茶叶品质密切相关，对人体也有重要的生理活性，是茶叶生物化学研究最广泛和最深入的一类物质。

茶多酚一般可分为4大类：①儿茶素类（黄烷醇类）；②黄酮、黄酮苷；③花青素、花白素；④酚酸、缩酚酸。除酚酸及缩酚酸外，其他均具有2-苯基苯并吡喃的主体结构，这些可统称为类黄酮物质。

1. 儿茶素类

茶叶中的儿茶素类是茶多酚的主体成分，占多酚总量的70%～80%，同时也占茶叶干重的12%～24%，是茶树次生代谢的重要成分，也是茶叶具有保健功能的首要成分。

茶叶中的儿茶素是2-苯基苯并吡喃的衍生物，基本结构包括A、B、C三个基本环，其中B、C环依据连接的基团不同又可分为4种类型。

鲜叶中的儿茶素类一般为表型儿茶素类，即表儿茶素（EC）、表没食子儿茶素（EGC）、表儿茶素没食子酸酯（ECG）、表没食子儿茶素没食子酸酯（EGCG）。其中前两种又称为非酯型儿茶素或简单儿茶素，后两种称为酯型儿茶素或复杂儿茶素。这4种儿茶素分别占儿茶素总量的5%～10%、15%～20%、10%～15%、50%～60%。

儿茶素的理化性质：儿茶素通常为浅黄色或白色结晶（图6.2），亲水强，易溶于热水、含水乙醇、甲醇、含水乙醚、乙酸乙酯等，难溶于苯、氯仿、石油醚等溶剂；儿茶素在225nm、280nm处有最大吸收峰；可与Ag^+、Hg^{2+}、Cu^{2+}、Pb^{2+}、Fe^{3+}等离子络合形成沉淀；

图6.2 儿茶素（粉末）

儿茶素类结构中的间位羟基可与香荚兰素在强酸下生成红色物质，与氨性硝酸银、磷钼酸等反应生成黑色或蓝色物质；儿茶素结构中的酚性羟基，尤其是 B 环上的邻位、连位羟基极易氧化聚合，易被多酚氧化酶或者如高锰酸钾等氧化剂氧化，在光、高温、碱性等条件下也容易氧化、聚合、缩合，形成黄棕色物质。

2. 黄酮及黄酮苷

黄酮（Flavone）的基本结构为 2- 苯基色原酮，其结构中的 C_3 位易羟基化，形成黄酮醇。茶叶中的山奈素、槲皮素、杨梅素等均属于黄酮醇。茶叶中的黄酮醇多与糖形成黄酮苷类物质（且在 C_3 位结合为多）。茶叶中的黄酮醇及其苷约占干物的 3% ～ 4%。黄酮苷被认为是绿茶汤色的重要组分。

黄酮及黄酮苷的理化性质：多为亮黄色结晶，与绿茶汤色密切相关；难溶于水，但较易溶于甲醇、乙醇等有机溶剂，另外，黄酮苷类物质在水中溶解度要大于其苷元；制茶过程中，黄酮苷在热和酶的作用下水解，可降低其苦味。

3. 花青素、花白素

花青素（Anthocyanidins，又称花色素），是色原烯的衍生物，其 C_3 位带羟基，可与葡萄糖、半乳糖等缩合形成苷类。一般茶叶中的花青素含量约为干重的 0.01%。茶树新梢出现的紫芽与花青素有关。花白素（Leucoanthocyanidin），又称为隐色花青素或 4- 羟基黄烷醇，色泽为白色，茶叶中花白素含量约占干重的 2% ～ 3%。

4. 酚酸和缩酚酸

酚酸是一类分子中具有羧基和羟基的芳香族化合物，缩酚酸则是由酚酸上的羧基和另一分子酚酸上的羟基通过缩合形成的。没食子酸、咖啡酸、绿原酸为典型的这类物质。

5. 茶色素

茶色素主要包括茶黄素类（Theaflavins，TFs）、茶红素类（Thearubigins，TRs）以及茶褐素类（Theabrownine，TB），是茶多酚的氧化产物。

茶黄素类最早由 Roberts E. A. H.(1957)发现。目前已发现并鉴定出的茶黄素类近 30 种，但主要的茶黄素类有 4 种（图 6.3），分别是茶黄素（TF1）、茶黄素 –3– 单没食子酸酯（TF2A）、

图6.3　茶黄素的4种主要单体

茶黄素 -3' - 单没食子酸酯、茶黄素 -3，3' - 双没食子酸酯（TF3）。红茶中茶黄素类的含量占干物质的 0.5%～2.0%，其纯品色泽金黄，水溶液具有强烈的收敛性。茶黄素类物质是红茶汤色亮度和鲜爽度的重要组成成分，也是形成红茶"金圈"的主要物质。

茶红素类是茶黄素类进一步氧化形成的一类物质，也是红茶中含量最高的多酚类氧化产物，可占干重的 6%～15%。该类物质色泽棕红，能溶于水，水溶液为酸性，深红色。茶红素类物质是构成红茶汤色的主要物质，且对滋味和汤味浓度也起重要作用，与茶黄素类相比，其刺激性和收敛性弱一些。它还参与红茶"冷后浑"的形成，能与碱性蛋白质结合生成沉淀物质。茶红素类物质与茶黄素类物质的比例与红茶品质密切相关：比例过高，茶汤色暗且滋味强度不足；比例过低，亮度好，刺激性强，但红浓度不足。

茶褐素类物质是由茶黄素类和茶红素类进一步氧化聚合形成的物质，其结构组成非常复杂，除含多酚类氧化聚合、缩合产物外，还含有多糖、蛋白质等。其色泽深褐，能溶于水，但不溶于乙酸乙酯和正丁醇；含量占红茶干物质的 4%～9%。茶褐素类物质含量与红茶品质负相关，如含量过高会造成红茶茶汤发暗、无收敛性。

6. 茶多酚的健康功效

（1）抗氧化

茶多酚可以直接清除自由基、抑制自由基产生，并能抑制黄嘌呤氧化酶、细胞色素 P450 酶、脂氧化酶、环氧化酶等一些催化机体产生自由基的氧化酶，也可以激活或提高机体内的超氧化物歧化酶、过氧化氢酶、谷胱甘肽过氧化物酶、谷胱甘肽转移酶等能清除自由基的抗氧化酶的活性。同时，茶多酚也能与其他抗氧化物，如维生素 E、维生素 C 等起协同抗氧化效果。

（2）抗衰老

随着年龄的增大，机体新陈代谢减缓，白发增多、骨密度降低、色素沉着等衰老现象出现。茶多酚具有抗衰老作用，无论是线虫模型、蝇类模型研究，还是细胞模型、动物模型研究，均表明茶多酚可以通过降低体内活性氧水平、提高抗氧化酶活性、调控衰老相关信号通路来延缓衰老。

（3）免疫调节

茶多酚能增强机体巨噬细胞的吞噬能力，促进 T 淋巴细胞的增殖，提高胸腺、脾脏指数，提高机体的免疫能力。

（4）抗肿瘤

不同水平的实验研究以及流行病学研究都已表明，茶多酚可以降低致癌因子引发的皮肤癌、肺癌、肝癌、胃癌、乳腺癌、前列腺癌等多种癌症的发生概率。在癌症的启动、促进以及进展阶段，茶多酚都能发挥抑制作用，其防癌、抗癌机制包括提高机体免疫、调节机体信号转导途径等。

（5）保护心脑血管

茶多酚具有抑制动脉粥样硬化、降低高血压和冠心病的发病概率、降血压、降血糖等作用，能够调节机体胆固醇水平。

（6）抗菌、抗病毒

茶多酚对细菌、病毒具有广谱的抑制作用，能减轻炎症反应。如不同程度地抑制和杀伤霍乱弧菌、肉毒杆菌、变形链球菌、金黄色葡萄球菌、表皮葡萄球菌、流感病毒、牛冠状病毒、SARS病毒、人类免疫缺陷病毒等多种致病性的细菌和病毒，抑制须发癣菌、红色毛癣菌、白色念珠菌等皮肤病原真菌的活性等。

（7）其他作用

茶多酚的其他功效，还包括抗过敏、保肝、护肾、保护神经、抗辐射等。

二、咖啡因（Caffeine，咖啡碱）

咖啡因、可可碱和茶碱是茶叶中主要的生物碱，属于嘌呤类生物碱。这三类茶叶生物碱中，咖啡因含量最高，可占干重的2%～4%，可可碱次之，茶碱最少。咖啡因虽最早是在咖啡中发现并命名的，但茶叶中咖啡因的含量要远高于咖啡中的含量。茶树体内，咖啡因主要集中在叶部，茎、花、果皮含有少量，种子内基本没有咖啡因。

1. 咖啡因的性质

咖啡因，化学结构名为1，3，7-三甲基黄嘌呤，化学分子式为$C_8H_{10}N_4O_2$，常温下呈白色绢丝状晶体，无臭，味苦（图6.4）；易溶于热水（且溶解速度快于茶氨酸、茶多酚）、氯仿，能溶于乙醇、丙酮，难

图6.4 咖啡因样品

溶于乙醚、苯；熔点为235～238℃，且较茶叶中其他物质具有显著的升华特性，在120℃开始升华，180℃大量升华。

咖啡因具有络合作用。茶汤中的咖啡因和儿茶素及其氧化产物在高温下（100℃）呈游离态，但随着温度的下降，两者通过氢键缔合形成缔合物，随着缔合度的不断增大，缔合物粒径增大，表现出胶体特性，茶汤逐渐变浑，该现象即为"冷后浑"，常发生于红茶。

2. 咖啡因的分解代谢

咖啡因在茶树体内和人体内的分解代谢存在区别。茶树体内：咖啡因→黄嘌呤→尿酸→尿囊素→尿囊酸→尿素→ CO_2，该分解代谢主要发生于老叶；人体内：咖啡因→黄嘌呤→尿酸，通常以甲基尿酸或尿酸的形式排出体外。导致这种代谢分解差异的原因主要在于人体内缺乏分解尿酸的酶。人体内的尿酸会在一定程度上贮存，形成"尿酸库"，血中尿酸正常含量为149～146 µmol/L。若体内该代谢出现异常，尿酸含量过高，尿酸盐结晶沉积于软组织、软骨及关节等，则会导致关节炎、尿路结石及肾脏疾病，痛风即与此相关。

3. 咖啡因的生理功能

（1）影响神经系统

喝茶有助提神醒脑，这与茶叶中的咖啡因密切相关，因为咖啡因能够兴奋中枢神经系统，尤其是大脑皮层。适量摄入咖啡因能够提高机体警觉性、消除疲劳、缩短选择反应时间，进而提高人们的工作效率和准确性。过量摄入咖啡因容易引发或加重癫痫。

（2）影响内分泌

咖啡因能够影响葡萄糖的吸收利用，调节脂质代谢，影响机体内分泌，具有抗肥胖作用。咖啡因能促进肾对尿液的滤出而具有利尿作用。咖啡因还能通过提高肝脏的代谢能力，促进血液中酒精的排放，该作用有助于解酒。

有研究还发现咖啡因对于降低2型糖尿病的发生率具有一定的作用。

（3）影响心血管系统

咖啡因一方面可以引起机体血管收缩，另一方面也能作用于血管壁促进血管扩张，即表现出两面性。长期过量摄入咖啡因会增加高血压、心律失常、心肌梗死等心血管疾病的发生概率。

（4）其他影响

咖啡因具有解热镇痛功效，在医药上已有大量的相关药物。咖啡因能抑制肥大细胞释放组胺等活性物质，对即发型和迟发型过敏反应有一定的作用。咖啡因的摄入对骨代谢会有一定的影响，引起钙吸收减少，破坏机体钙平衡，引起骨质流失。咖啡因会影响胚胎发育，母体过量摄入咖啡因会导致一些不良妊娠结果，如自然流产、早产、胎儿畸形等。此外，咖啡因还具有杀菌消炎作用。

4. 咖啡因的应用

咖啡因可用于制镇痛剂、（医用）兴奋剂、强心剂、利尿剂、麻醉剂等药物，也可用于治疗支气管疾病。咖啡因在保健品上也有一定的应用，如减肥产品。日化用品，如唇膏、面霜，已有相关的含咖啡因产品。食品上，咖啡因已被160多个国家准许应用于饮料。如图6.5所示为部分含咖啡因的产品。

图6.5　含咖啡因的产品

三、茶氨酸（Theanine）

目前，茶叶中已发现的游离氨基酸有26种，其中20种为蛋白质氨基酸（可参与构成蛋白质），其余6种为非蛋白质氨基酸。茶氨酸即为其中一种非蛋白质氨基酸，且在所有游离氨基酸中含量最高，占游离氨基酸总量的50%以上，占干重的1%～2%，一些名优茶中茶氨酸的含量可达到2%以上。茶氨酸最早是由日本人酒户弥二郎从玉露茶新梢中发现并命名的，该物质在部分山茶科植物和蕈（一种菌类）中也有所分布。

1. 茶氨酸的结构与性质

茶氨酸属于酰胺类化合物。在茶树体内是由一分子谷氨酸和一分子乙胺在茶氨酸合成酶的催化作用下合成的，其合成部位在茶树根部，在生长季节被运输至

图6.6 茶氨酸样品

地上部分。

主要性质：自然界存在的茶氨酸均为 L 型，其纯品为白色针状晶体，熔点为 217 ～ 218℃（图6.6）。茶氨酸极易溶于水，在茶汤中其浸出率可达 80%，但不溶于无水乙醇和乙醚。茶氨酸具有焦糖香味以及类似味精的鲜爽味，对于茶汤滋味具有重要作用（与滋味等级呈强正相关性），可以缓解茶的苦涩味，其味觉阈值为 0.06%。茶氨酸的性质较稳定，将茶氨酸溶液煮沸 5 分钟或将茶氨酸溶解于 pH 值为 3.0 的溶液并在 25℃ 下储放一年，其含量基本不会改变。茶氨酸安全无毒，日、美等国对其在产品应用上没有使用量的限制。

2. 茶氨酸的保健功效

（1）保护神经

茶氨酸具有抗局灶脑缺血作用，在临床上可能具有预防脑梗死效果。茶氨酸能抑制大脑皮层神经细胞迟发性神经元死亡，可调节代谢型谷氨酸受体 I 亚型水平，起神经保护作用。L- 茶氨酸可以保护神经免受帕金森病相关神经毒素的伤害，临床上可预防该疾病。茶氨酸也有助于在神经成熟期间，增强神经生长因子和神经递质的合成能力，促进中枢神经成熟，有助于脑健康。

（2）放松精神

L- 茶氨酸能促进大脑中 α 脑波的增加。α 波一般出现于安静状态，因此茶氨酸具有精神放松功能。

（3）增强记忆

采用水迷宫法、跳台等方法的实验研究表明，茶氨酸能够提高小鼠的学习记忆能力，可以拮抗记忆获得性障碍的物质，提高记忆力。内在的机制可能与其清除自由基等功能相关。

（4）抗疲劳

茶氨酸具有减轻运动性疲劳的作用，其机制可能与增加脑中多巴胺含量，抑制 5- 羟色胺合成、释放等效应有关。

（5）其他功效

茶氨酸可以拮抗咖啡因引起的副作用（如兴奋、失眠），可以通过增强抗癌药物的效果、减轻某些抗癌药物的毒副作用、保持细胞代谢平衡等途径辅助抗肿瘤，减轻酒精引起的肝损伤，与锌形成复合物抗糖尿病，缓解抑郁症，抗病毒，保护心脑血管，改善女性经期综合征，等等。如图 6.7 所示为一些含茶氨酸的产品。

图6.7 一些含茶氨酸的产品

第三节 深加工链

当前茶产业出现了产能过剩、劳动力紧张、茶叶附加值偏低等问题，引发业界的广泛关注和深入思考。茶的深加工及综合利用可以有效解决茶资源过剩问题，并能延长茶产业链，提高茶叶附加值。

茶叶深加工是以茶资源（包括叶、花、果、茎等）为原料，根据茶成分特点及其功效，通过现代工艺技术提取或纯化有效成分，并应用于医药、保健、食品、日化用品、纺织等领域，即生产出非原茶终端产品。茶的深加工使茶产品功能化、应用多元化，超越了传统饮用茶的范围，推动了茶消费结构、途径、方式的重大变革。

一、茶叶深加工的产业格局

国内茶的深加工起步于 20 世纪七八十年代，经过 30 余年的发展，尤其是进入 21 世纪以来，逆流提取、柱层析、改性重组、功能化膜等新技术、新装备的应用普及，推动我国茶的深加工领域快速发展。目前茶的深加工产品包括：①固态速溶茶、浓缩茶汁、抹茶、超微茶粉、含茶饮料；②茶功能性成分，包括茶多酚、茶黄素、茶氨酸、茶皂素等；③含茶终端产品，将茶及其功效性成分应用于医药、保健、食品、日化用品、纺织等领域；④茶树花、茶果的开发利用，茶废弃物的再利用。

目前，国内茶深加工企业有 100 余家，分布地域包括浙江、福建、江西、安徽、江苏、湖南、四川、贵州等。这些深加工企业中，生产固态速溶茶的有数十家。

国内用于深加工的茶量占茶叶总产量的 6% ~ 8%，这与深加工率达 40% 的日本还有很大的差距，但这也说明我国茶深加工还有很大的潜力。

二、茶叶深加工在不同领域的应用

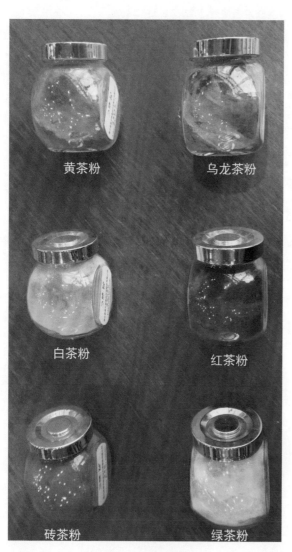

黄茶粉　　　　乌龙茶粉

白茶粉　　　　红茶粉

砖茶粉　　　　绿茶粉

图6.8　超微茶粉

1. 茶食品

茶食品，一般是指茶叶先加工成超微茶粉、茶汁或提取出茶天然活性成分等，然后与其他原料共同制作而成的含茶食品，具有天然、绿色、健康的特点。以茶入食的做法自古便有，相当于把整个茶都吃进去，最大限度地利用茶的内含物质，提高茶的利用效率。如《梦粱录》中记载的七宝擂茶，是将花生、芝麻、核桃、姜、杏仁、龙眼、香菜和茶擂碎，煮成茶粥。

目前开发茶食品主要有三种基本方式。

第一，以原茶的形式，即将茶叶直接添加到食品中，其外形、形状没有改变。

第二，改变茶的物理性状，比如做成超微茶粉（图6.8）、速溶茶粉等。超微工艺简单，茶叶通过蒸汽杀青、干燥，在低温下超微粉碎或碾磨，变成茶粉。其粒度一般在 800 目以上，最细的可以做到 1500 目。目前很多糕点中都会添加茶粉，如酥膏、酥糖、月饼等，原来这些糕点都是重油、重糖的食物，加了茶粉改良后，口感就变得甜而不腻。而速溶茶粉是指能迅速溶于水的固体茶粉末，是以成品茶、半成品茶、茶叶副产品、茶鲜叶或配以草本植物类、谷物类为原料，通过提取、过滤、净化、浓缩、干燥（目前生产中以喷雾干燥为主）等生产工艺流程加工而成，具有冲饮携带方便、冲水速溶、不含余渣、易于调节浓淡、易于与其他食品调配等特点。

第三，开发茶叶提取物。把茶叶中的有效成分提取出来，添加到各种物品中，如把茶多酚作为抗氧化剂添加到油脂中，起到减缓油脂酸败，延长食品保质期的效果；把茶多酚添加到香肠、鱼里，达到维持其新鲜度、杀菌的作用；用茶叶中的天然色素（叶绿素、类胡萝卜素、茶黄素、茶红素等）替代合成色素。

茶饮料是茶叶应用于食品领域的典型例子，即用茶叶的提取物、浓缩液，或者是经喷雾干燥的产品，与甜味剂、酸味剂等调味料调配之后进行灌装制成的饮料。目前市场上存在的茶饮料包括纯茶汁、调味茶饮料等。随着人们健康意识的增强，茶饮料的生产大致会向以下几个方向发展：一是低热量；二是有地方特色，比如生产安溪铁观音、西湖龙井、黄山毛峰、冻顶乌龙等原叶茶茶饮料，它们最能够体现茶的原始风味；三是有保健作用，如生产有降脂减肥功效的减肥茶饮料、提高智力和记忆力的茶氨酸饮料等。

如图 6.9 所示为一些茶食品。

图6.9　部分茶食品

2. 含茶日化用品

目前含茶的日化用品有洗护用品（如口腔护理用品、洗发用品、洗浴用品、洗手用品、洗洁精、洗衣液）、美妆品、卫生用品、空气清新产品等（图6.10）。

图6.10　一些含茶日化用品

3. 含茶纺织品

在纺织品中加入茶成分可以起到抗菌除臭、改善织物性能等作用。目前已有茶袜、茶毛巾、茶口罩、茶内衣、茶丝巾等产品。

4. 其他应用

茶及其功能性成分还可应用于种植、养殖业，如用来制作动物饲料、植物肥料以及植物抗性增强剂、农药，应用于食用菌的基质组成原料等；也可以用于建材行业，如制作黏胶、涂料、发泡剂、防火产品等；在环保领域，茶及其功能性成分也有应用空间，如用于净化水质、制作底改剂和抑藻剂等。

三、茶树花、茶果、茶渣等茶副产物的利用

用茶生产加工过程中被废弃的茶树花、茶籽、茶渣、被修剪的枝梢以及茶梗、茶末等制成的产品称为茶副产品。

茶树花（图6.11）为茶树的生殖器官之一，茶树每年4—6月出花蕾，9—12月陆续开放，次年8—9月结出成熟的果实。我国茶园面积广阔，茶树花资源也非

图6.11　茶树花

常丰富，成龄茶园每亩可采鲜花200～300千克。茶树的开花结果会争夺叶片养分，致使茶叶产量和质量下降，少量茶园会进行人工采摘或者使用除花剂去除茶树花，大部分随其自动落花，茶树花成了茶园的废弃物。其实，茶树花与茶叶的主要化学成分相似，约含总糖30%、蛋白质25%、儿茶素5%、氨基酸3%、咖啡因2%。此外，茶树花的黄酮类含量较其他花卉高，茶多糖含量显著高于茶叶，茶多酚以及咖啡因含量低于茶叶。茶树花含有丰富的活性成分，是非常好的可利用资源。2013年1月，卫生部（现为国家卫生健康委员会）批准茶树花为新资源食品。

以茶树鲜花为原料，可以直接加工成花茶、花茶饮料及一些日化产品。以茶树干花为原料，可再分离出花粉，开发花粉相关产品，也可从茶树干花中提取一些功能性成分，如茶多糖、茶皂素、茶多酚，以进一步开发利用。

茶树所结的果实为蒴果，每粒含1～2粒种子，即茶叶籽。茶叶果实成熟后，其果皮裂开，茶叶籽自动脱落。茶叶籽壳约占茶叶果实总重的30%，主要由纤维素、半纤维素和木质素组成。茶叶籽含油丰富，含油率可达18%～30%，另含有10%～14%的茶皂素以及丰富的淀粉、蛋白质和糖类，同时也含茶多酚和维生素E等。茶叶籽壳可作为制活性炭、木糖醇、糠醛等的原料。茶叶籽可以制得茶叶籽油，茶叶籽油含丰富的不饱和脂肪酸，组成比例与橄榄油类似，有"东方橄榄油"之称，且茶叶籽油所含 α-亚麻酸、茶多酚、维生素E要高于橄榄油，属于高档食用油，2009年12月卫生部批准茶叶籽油为新资源食品。茶叶籽经制油后所剩的茶叶籽饼粕，还可以用以提取茶皂素、茶多糖、茶蛋白等成分，也可以用作肥料和生物杀虫剂。如图6.12所示为茶叶果实及茶叶籽油。

图6.12 茶叶果实及茶叶籽油

工业生产茶饮料、速溶茶或者从茶叶中提取功能性成分均会有茶渣产生。有研究结果表明茶渣中还含有 17%～19% 的粗蛋白、16%～18% 的粗纤维、1%～2% 的茶多酚、0.1%～0.3% 的咖啡因。因此，茶渣也是可以利用的资源。茶渣可以作为动物饲料、植物肥料和食用菌基质的原料，也可以利用其吸附性能去除废水中的金属离子、染料物质、环境中的有毒有害气体。茶渣经过去杂、清洗、干燥、灭菌，还能作为填充枕头的材料。

思考题

1.茶叶中的化学成分可分为哪几种，占比分别为多少？可从哪几个层面来理解？

2.茶多酚一般可分为哪几大类？

3.茶氨酸主要功效有哪些？根据其理化性质和功效设计一款产品。

4.什么是茶的深加工，有何积极意义？

5.怎么利用茶的废弃物，其意义是什么？

📖 参考文献

[1] 宛晓春 . 茶叶生物化学 [M]. 3 版 . 北京: 中国农业出版社, 2003.

[2] 梁月荣 . 茶资源综合利用 [M]. 杭州: 浙江大学出版社, 2013.

[3] 杨晓萍，覃筱燕 . 茶多酚药理活性的研究进展 [J]. 中央民族大学学报 (自然科学版), 2013, 22(3): 24-28.

[4] 张梁，陈欣，陈博，等 . 茶多酚体内吸收、分布、代谢和排泄研究进展 [J]. 安徽农业大学学报,

2016, 43(5): 667-675.

[5] 刘洋，李颂，王春玲 . 茶氨酸健康功效研究进展 [J]. 食品研究与开发，2016, 37(17): 211-214.

[6] 林伟东，孙威江，郭义红，等 . 茶叶中茶氨酸的研究与利用 [J]. 食品研究与开发，2016, 37(20): 201-206.

[7] 陈尧，周宏灏 . 咖啡因体内代谢及其应用的研究进展 [J]. 生理科学进展，2010, 41(4): 256-260.

[8] 赵卫星，姜红波，冯国栋 . 茶叶中咖啡因的提取研究进展 [J]. 化学与生物工程，2010, 27(9): 17-20.

[9] 王辉 . 茶叶中提取咖啡因改进研究 [J]. 科技信息，2011(27): 438, 444.

[10] 张彬 . 茶多糖分离纯化工艺及其产品研究 [D]. 南昌：南昌大学，2008.

[11] 李海琳，成浩，王丽鸳，等 . 茶叶的药用成分、药理作用及开发应用研究进展 [J]. 安徽农业科学，2014(31): 10833-10835.

[12] 李国武，郭晨，段一凡，等 . 茶皂素研究进展 [J]. 茶叶通讯，2016, 43(1): 14-18, 22.

[13] 周继红，应乐，徐平，等 . 茶相关保健食品的开发现状 [J]. 中国茶叶加工，2015(4): 26-30.

[14] 邹锋扬，金心怡，王淑凤，等 . 速溶茶粉产品的研究进展 [J]. 饮料工业，2012, 15(3): 7-12.

[15] 赵文净，林金科，吴亮宇 . 速溶茶加工技术研究进展 [J]. 贵州茶叶，2012, 40(2): 7-11.

[16] 刘国信 . 速溶茶的加工工艺与技术要求 [J]. 山东食品发酵，2006(1): 43-45.

[17] 沈强，潘科，郑文佳 . 茶叶副产物的开发利用现状 [J]. 贵州茶叶，2012, 40(4): 3-6.

[18] 汤雯，屠幼英，张维 . 茶树花皂苷提取分离、化学结构及生物活性研究进展 [J]. 茶叶，2011, 37(3): 137-142.

[19] 白婷婷，孙威江，黄伙水 . 茶树花的特性与利用研究进展 [J]. 福建茶叶，2010, 32(1): 7-11.

[20] 马跃青，张正竹 . 茶叶籽综合利用研究进展 [J]. 中国油脂，2010, 35(9): 66-69.

[21] 孙达，凌益春，王岳飞，等 . 茶叶籽油的加工工艺及其保健功效研究进展 [J]. 茶叶，2010, 36(3): 144-147, 151.

[22] 傅志民，吴永福 . 废弃茶渣综合再利用研究进展 [J]. 中国茶叶加工，2011(1): 17-20.

[23] 周绍迁，徐焱，郭洪涛，等 . 茶渣蛋白的提取、酶解及其作为饲料添加剂的应用研究 [J]. 饮料工业，2011, 14(12): 10-14.

【在线微课】

6-1 茶叶中的化学成分

6-2 茶氨酸与健康

6-3 咖啡碱与健康（上）

6-4 咖啡碱与健康（下）

6-5 茶多酚与健康

茶
的
保
健
与
机
制

第七章

茶，富含多种功能性成分，具有诸多保健功效，如抗氧化、延缓衰老、增强免疫力、降血脂、保护大脑、美容祛斑、减肥、防治高血压、解酒、抗肿瘤等。唐代大医学家陈藏器在《本草拾遗》中写道："诸药为各病之药，茶为万病之药。"可见，茶的保健功效早已被人们所认同，并加以应用。

第一节　茶促健康

从古至今，关于饮茶保健的文献记载不胜枚举。"神农尝百草，日遇七十二毒，得茶而解之"（此处的"茶"即为"茶"）。从古至今有饮茶习惯的老人大多长寿。饮茶可以防治很多慢性疾病，起到延年益寿的作用。

一、茶叶、茶药

古时候人们曾将茶叶称作"茶药"。汉代医圣张仲景在《伤寒论》中记载："茶治脓血甚效。"华佗也有"苦茶久食益意思"的说法。到了唐代，茶圣陆羽在《茶经》中将茶与"醍醐甘露"相比，《一之源》中写道："茶之为用，味至寒，为饮最宜。

精行简德之人，若热渴、凝闷、脑疼、目涩、四肢乏、百节不舒，聊四五啜，与醍醐甘露抗衡也。"宋代苏轼的《茶说》、吴淑的《茶赋》，明代顾元庆的《茶谱》、著名医学家李时珍的《本草纲目》中都有关于茶功效的记载，如《本草纲目》中有言"茶苦而寒，最能降火"，表明茶清热解毒的功效。日本种茶的鼻祖——荣西，在其著作《吃茶养生记》中写道："茶者养生之仙药，延龄之妙术也。"认为茶可以起到养生保健、延年益寿的作用。茶刚开始传到欧洲时，是放在药房里出售的，其在欧洲的风靡与茶的药用作用也是分不开的。

20世纪80年代，日本科学家最早揭示了茶多酚能够抑制人体内癌细胞的生长，引发了研究茶保健作用的高潮。浙江中医药大学林乾良教授曾总结出茶的24项传统功效，包括少睡，安神，明目，清头目，止渴生津，清热，消暑，解毒，消食，醒酒，去油腻，下气，利水，通便，治痢，去痰，祛风解表，坚齿，治心痛，疗疮治瘘，疗饥，益气力，延年益寿，其他。关于茶叶的保健功效已为全球所认可，在德国《焦点》杂志列出的"十大健康长寿食品"中，茶叶就位列其中。目前，全世界对于茶与健康的关系的研究越来越多。

二、六大茶类的保健功效

茶叶根据颜色的不同可以大致分为六种，即绿茶、白茶、乌龙茶（青茶）、红茶、黄茶、黑茶。从图7.1中可清楚看出它们颜色的差异。图7.2中各类茶虽均属乌龙茶（青茶），但是由于产地及加工工艺的不同，它们相互之间也存在颜色的差异。

大佛龙井　　　　　　　　　大红袍　　　　　　　　　滇红

图7.1　六大茶类代表

白毫银针　　　　　　　　普洱茶饼　　　　　　　　蒙顶黄芽

图7.1　六大茶类代表（续）

台湾乌龙（阿里山茶）　　　　　　　　闽北乌龙（大红袍）

广东乌龙（凤凰单丛）　　　　　　　　闽南乌龙（铁观音）

图7.2　乌龙茶（青茶）

　　茶叶之所以呈现出不同的颜色，是由于其重要内含成分茶多酚的氧化程度不同。茶多酚在茶叶干物质中占 18% ～ 36%。茶多酚在多酚氧化酶的作用下，会使得叶子发生红变。这一理论由茶学泰斗陈椽先生（图 7.3）提出，他创立了"以茶多酚氧化程度为序，以酶学为基础"的六大茶类的分类方法。在茶鲜叶中，茶多酚和多酚氧化酶位于不同的细胞器中，就像住在不同的房间里，中间有墙壁隔开，相互之间不会发生反应。而一旦在外力的作用下，它们之间的屏障被打破，两者相遇，就会发生酶促反应，产生颜色变化。

图7.3　陈椽

在绿茶的加工过程中，鲜叶经萎凋后就会进行高温杀青，其目的就是通过高温使多酚氧化酶失活，失去活性后的多酚氧化酶就不能够和茶多酚发生反应了，因此绿茶呈现出的主要是叶绿素的颜色。

红茶，为了显示出红汤的特性，就会在萎凋过后进行揉捻，通过揉捻破坏叶的结构，打破屏障，为多酚氧化酶和茶多酚的反应奠定基础，有利于进一步发酵，加速其酶促反应。经过酶促反应，大量的茶多酚氧化聚合形成大分子的茶黄素（呈黄色）、茶红素（呈红色）和茶褐素（呈褐色），使得叶片颜色发生明显变化。

乌龙茶（青茶）由于特有的摇青工艺，使得其氧化发酵程度介于红茶与绿茶之间，因此无论是颜色还是茶性都比较适中。

白茶经萎凋后直接干燥，但由于其萎凋时间较长，伴随叶片的失水，叶片结构被破坏，也会有些许的酶促氧化，称为微发酵茶。

黄茶和黑茶是在杀青后进行不需要酶的氧化，如黄茶的闷黄和黑茶的渥堆，都是在微生物和湿热的作用下进行的，因此也将两者称为后发酵茶。

可以发现，冬天的时候有些茶树叶片会变红，这也是由于天气寒冷，叶片的细胞膜受到破坏，不同细胞器中的茶多酚和多酚氧化酶相遇，发生反应。因此，我们对茶的分类是基于茶多酚的氧化程度以及是否发生酶促氧化。

六大茶类，绿茶、白茶、乌龙茶（青茶）、红茶、黄茶、黑茶，虽加工工艺、特性不尽相同，但基本上所有的茶都具有养生保健的功效。经研究发现，茶均能够减肥，降"三高"等。多饮茶、饮好茶、科学饮茶可以延缓衰老，同时防止一些慢性疾病的发生。绿茶由于茶多酚氧化程度最低，因此茶多酚相对含量比较高，对于各类疾病都有一定的预防作用。红茶与绿茶相反，其茶多酚在多酚氧化酶的作用下，经揉捻和发酵，充分氧化，茶多酚转化为茶黄素、茶红素、茶褐素等茶色素，收敛性减弱，茶汤刺激性减弱。研究表明，茶黄素、茶红素和茶褐素也具有相当的抗氧化活性，因此也能够在一定程度上预防疾病的发生，同时由于刺激性减弱，饮红茶更适合肠道虚弱的人群。

白茶为微发酵茶，主要产于福建省，加工工艺最为简单，茶多酚部分氧化，性质偏寒，其保持的化学成分最接近于茶鲜叶本身的成分。白茶抗菌效果好，如对葡萄球菌、链球菌及致龋菌均有良好的抑制效果。同时，由于白茶性质偏寒，因此具有解毒、退热、降火的功效。民间有"白茶三年是药，五年是宝"的说法，这是因为老白茶贮藏一定时间后，茶性愈加温和，多酚类物质部分转化，生成的黄酮类物质具有卓越的抗菌消炎功效。很多人在感冒发烧之时都会煮一壶老白茶，连续喝一两天，症状便能明显改善。

黑茶（图7.4、图7.5）主要产于我国西南地区，其中主要的代表便是普洱茶。普洱茶分为熟茶和生茶，生茶类似于晒青绿茶，性寒，具有清热降火、利尿的功效；熟茶更能代表黑茶的特征，经过渥堆后，其物质构成发生改变，生成大量茶褐素，茶褐素具有卓越的减肥功效，被称为黑茶中的"黄金"。同时，由于渥堆过程中湿度、温度高，因此微生物大量滋生，可以产生大量的有机酸，有机酸可以和多酚类物质产生很好的协同作用，改善人体胃肠道功能，促进消化。我国黑茶很多销往边疆地区，由于边疆少数民族人民以高脂饮食为主，蔬果摄入少，因此喝黑茶可以有效帮助其胃肠道蠕动，保持健康。古代就有"宁可三日无粮，不可一日无茶"的说法。《滴露漫录》中就有"以其腥肉之食，非茶不消，青稞之热，非茶不解"的记载。

乌龙茶（青茶）也是我国特有的茶类，主产于福建、广东、台湾，闽北所产的大红袍、闽南所产的铁观音等都是其中的著名代表。乌龙茶性质温和，香气馥郁，深受各年龄段人群的喜爱。乌龙茶美容效果好，可以提高皮肤的保水率。研究发现，21～55岁的女性每人每天饮用4克乌龙茶，连续8周，其面部皮脂的中性脂肪量减少17%。另外，乌龙茶还具有良好的抗肿瘤功效，尤其是发酵程度低的乌龙茶可以有效抑制乳腺癌的发生。

黄茶也属于后发酵茶，在灭活多酚氧化酶的基础上，其特殊的"闷黄"工艺使黄茶的性质变得相对柔和。黄茶的抑菌效果优于其他茶类。同时，黄茶还可以提神、助消化、止咳化痰。

图7.4 安化千两黑茶

图7.5 压制成饼的黑茶

第二节　保健机制

茶，之所以能够被称作"万病之药"，与其丰富的功效成分密不可分。茶多酚、氨基酸、生物碱等各有各的功效，同时组合在一片茶叶中，又可以起到协同增效的作用。茶多酚具有显著的抗氧化、清除自由基、抗肿瘤、消炎、杀菌消毒、防辐射、降血糖等功效。茶氨酸作为茶中的特有氨基酸，具有镇静安神、提高记忆力、改善认知、减缓经期综合征等功效。生物碱包括咖啡因、茶碱和可可碱，其中以咖啡因含量最为丰富，咖啡因可以提神醒脑，强心利尿。因此，也有人把茶树称作合成珍稀化合物的天然工厂。

一、清除自由基，抗氧化

自由基是人体正常代谢的产物，积累过多会对机体造成伤害，有"自由基是万病之源"的说法。常见疾病如癌症、糖尿病、老年痴呆、帕金森病、心血管疾病、炎症等发病都与自由基密不可分，甚至正常的衰老也是自由基逐渐积累导致的。

自由基，化学上也称为"游离基"，是指化合物共价键发生均裂而形成的具有不成对电子的原子或基团，因此性质非常活泼，极易与其他物质发生反应。体内存在着的抗氧化系统，包括抗氧化酶类和抗氧化剂，在正常情况下可以将自由基维持在较低水平，不会诱导相关疾病的发生。然而，随着年龄的增长或在其他外因的影响下，细胞功能逐渐衰退，抗氧化能力减弱，自由基积累越来越多。过多的自由基会引起我们机体遗传物质 DNA 的改变，脂质和蛋白质受损，导致生理异常，引发一系列疾病，这就是自由基病因学。我们日常补充的维生素 C、维生素 E 都是通过清除自由基，达到保健的功效。

茶具有很强的清除自由基的活性，尤其是其中的多酚类物质。茶多酚富含羟基（—OH），羟基可以与自由基结合，起到"牺牲小我"的作用，且羟基数量比维生素多，因此其清除自由基的活性更强。茶多酚还可以通过抑制氧化酶或者直接清除自由基来达到清除自由基的作用。基于卓越的抗氧化活性，茶多酚也被认为是茶中最主要、最精华、对人体最有用的成分物质。科学家拿绿茶、红茶与大蒜、洋葱、玉米、甘蓝、菠菜、甜菜、辣椒、花椰菜、生菜、胡萝卜、茄子、马铃薯、南瓜和黄瓜对比，发现绿茶和红茶的抗氧化活性远高于其他物质（图7.6）。

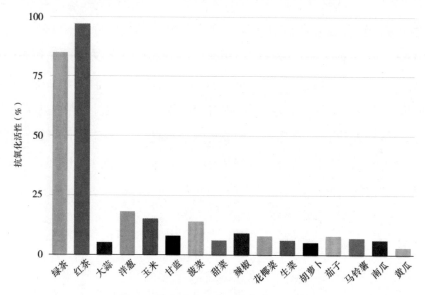

图7.6　茶和其他植物的抗氧化活性的比较

二、防辐射

2011年，日本地震并引发海啸后，福岛核电站反应堆所在建筑物爆炸，核辐射引起人们的极大恐慌。浙江大学茶学系向日本人民捐了大量的茶叶提取物——茶多酚。茶多酚具有卓越的抗辐射效果。每天饮用两杯茶，按每杯投放3克茶计算，其抗辐射效果相当于吃了两斤碘盐。中华人民共和国驻日本国特命全权大使程永华特地发感谢信给茶学系。"二战"末期日本广岛地区受到美国原子弹轰炸，研究者对存活下来的居民进行流行病学调查，发现有饮茶习惯的居民其存活期和生活质量都要优于不饮茶者。因此，在日本，茶也被称作原子时代的饮料。

茶叶防辐射的效果非常好，尤其是其内含的成分茶多酚，主要表现在对辐射损伤的预防和对机体损伤的治疗两方面。茶多酚具有多个酚羟基，能够提供质子与辐射产生的自由基结合来消除机体内过量的自由基，避免生物大分子的损伤，从而起到防护作用。茶多酚还可以通过增强防辐射相关的酶活性、减缓免疫细胞的损伤或促进受损免疫细胞的恢复等来增强机体对辐射的抵御作用。机体受辐射后，造血干细胞及骨髓有核细胞的分裂都会受到影响，茶多酚可以改善造血功能，尤其对被辐射损伤的白细胞有明显的恢复作用。综上说明茶多酚不仅具有抗辐射损伤效应（辐照前吃茶多酚），而且对被辐射损伤的机体还有恢复作用（辐照后吃茶多酚）。此外，茶叶中富含锰元素、多糖、黄酮类、皂苷类、类胡萝卜素等具有抗辐射作用的次生代谢产物，其中锰元素的含量约为其他植物的几倍、几十倍甚至几百倍。

在日常生活中，我们普遍会受到紫外线等的辐射，经常饮茶，补充茶多酚类物质，能够有效降低辐射损伤。很多癌症患者需要进行化疗、放疗，在对癌细胞进行杀伤的情况下，很多正常细胞也被杀死，因此会产生很强的副作用。研究发现，放、化疗患者在治疗期间，同时服用一些茶多酚、儿茶素胶囊，甚至多饮浓茶都会减少化疗的副作用，同时多酚类物质还能够与药物起到协同增效的作用，抑制肿瘤的生长。

三、延年益寿

饮茶可养生，起到延缓衰老的作用。

在茶叶界有"茶寿"的说法。"茶寿"为108岁，"茶"字上面为20岁，下面88岁，加起来即为108岁，而"米寿"为88岁（图7.7）。

另外，喝茶还可以促进家庭和睦，社会和谐。据统计，饮茶风气浓厚的地区离婚率要较喝茶少的地方低一些。茶不仅可以起到保健的作用，同时可以起到修身养性的作用，对于增进夫妻感情具有积极意义。

茶寿＝20+80+8=108岁

米寿＝80+8=88岁

图7.7 茶寿与米寿

四、增强免疫力

饮茶可以增强免疫力，抵御细菌、真菌、病毒的入侵，减少肿瘤的发生率。2003 年 SARS 暴发时期，哈佛大学医学院就有报道，饮茶可以提高人体免疫力，从而可以抵御病毒侵扰。世界卫生组织（WHO）曾提出 10 种可以预防 SARS 的食物，其中就包含绿茶。

五、保护大脑

饮茶可以预防老年痴呆、帕金森病等神经退行性疾病的发生。日本科学家研究后发现，70 岁以上的老人每天喝茶 2～3 杯，患老年痴呆的概率会降低，记忆力、注意力和语言使用能力要明显高于不喝茶的人。茶多酚显著的抗氧化性可以通过调节神经递质水平、影响细胞信号转导通路、抗炎等多种手段改善或减缓由认知退化导致的相关疾病，对大脑起到积极的保护作用。

六、降血脂

血脂高使得脂质在血管壁慢慢沉积，堵塞血管，导致动脉粥样硬化和血栓。饮茶具有明显的降血脂功效。高血脂一般表现为胆固醇和甘油三酯含量高。胆固醇作为一类复合物，包含对身体有害的低密度胆固醇和极低密度胆固醇，也包含有益的高密度胆固醇。饮茶可以有效降低血液中甘油三酯和总胆固醇的含量，提高高密度脂蛋白的比例，同时降低低密度脂蛋白的比例。

七、养颜祛斑

饮茶具有清除皮肤表面油腻、收缩毛孔、消炎灭菌、减少光损伤等的作用。临床试验表明，外用儿茶素缓解黄褐斑的效果与外用复方氢醌霜的效果相近，对皮肤不会产生任何伤害。100 名脸上色斑比较严重的女性服用茶多酚，一个疗程后，脸上的色斑面积减少将近 10%，色斑颜色也变浅 30%。同时，服用茶多酚还可以

减少老年斑，减少黑色素的沉积。

八、预防肥胖

茶中的咖啡因和茶多酚都可以起到预防肥胖、减肥的作用。很多减肥药中也添加了咖啡因，咖啡因能够促进体内脂肪的分解。另外，咖啡因可以影响代谢酶的活性，抑制脂肪酸合成，使得血液与肝脏中的脂类含量下降，达到减肥效果。茶多酚也可以有效预防肥胖。近年来研究表明，饮茶，尤其是饮用含有丰富的茶褐素和有机酸的黑茶，在调节肠胃功能，促进机体代谢，预防肥胖方面效果更好。

九、降血压

饮茶能够降血压表现为其可以降低血管紧张素的含量。血管紧张素会使血管紧张，血压升高。此外，也有研究表明饮茶的降血压效果与其提高血管中一氧化氮含量相关。伴随着衰老，血管中一氧化氮的合成和分泌出现异常，含量逐渐下降。一氧化氮可舒张血管平滑肌，抑制血小板聚集。茶，尤其是其中的茶多酚可以诱导一氧化氮的生成，舒张血管。

十、抗癌

从1987年至今已有超过5000篇关于茶叶抗癌功效的文章。致癌有三个阶段，一是启动，二是增殖，三是转移。茶在不同阶段均可以对肿瘤起到抑制作用。资料显示茶多酚可以有效预防特别是子宫癌、卵巢癌、乳腺癌、前列腺癌等生殖系统的癌症，对其他癌症也有一定的预防作用。陈宗懋院士于2009年在《茶叶抗癌20年》中将茶叶的抗癌机制归纳为抗氧化、抑制癌基因表达、调节转录因子等。

第三节　茶保健品

　　健康产业是茶产业发展的重要方向，利用茶中的活性成分开发茶健康产品是茶深加工的重要组成部分。由于水溶性的限制，直接饮茶获得的保健成分是有限的，而通过添加茶和茶提取物或直接浓缩纯化茶功效成分来制成保健品，能大大提高茶功效成分的利用率。

　　从成分而言，茶多酚具有降脂、减肥、增强免疫力、缓解疲劳、抗氧化、通便、降糖、防辐射、护肝、改善皮肤、改善睡眠、抗突变的作用；茶黄素作为茶多酚的氧化产物，大量研究和临床实践表明其具有比茶多酚更强的抗氧化活性，对预防心脑血管疾病，抗高血脂、高血压、高凝血等具有突出功效，有望成为安全可靠的治疗心脑血管疾病的新一代绿色理想药物；茶氨酸作为茶中的特有氨基酸，具有镇静安神、提高记忆力、改善认知的作用，因此对于改善睡眠，预防神经退行性疾病都有很好的功效。这些成分是茶保健品研发的重要依据。

　　利用茶叶中提取的有效成分制成的"准"字号药品，在我国最早的是由浙江大学医学院（原浙江医科大学）楼福庆教授等在20世纪80年代利用红茶提取物（茶色素）制成的"茶色素心脑健胶囊"。20世纪90年代后，浙江大学茶学系杨贤强和药学系朱善瑾等利用茶多酚重新进行全套药物研究，开发成功新型"心脑健胶囊"和"心脑健片"（"亿福林心脑健胶囊""替保""体保""天力体保"等），并取得国家中药保护品种号，目前有多家药企生产该药品。2006年10月，美国食品和药物管理局（FDA）批准以茶多酚为主要成分的茶多酚软膏作为新的处方药，用于局部（外部）治疗由人类乳头瘤病毒引起的生殖器疣。这是FDA根据1962年药品法修正案批准上市的首个植物（草本）药。

　　目前，茶保健食品的种类也非常多，其中茶成分的添加形式主要分为茶叶（包括红茶、绿茶、乌龙茶、普洱茶、黑茶、花茶等）和茶叶提取物（包括绿茶提取物、红茶提取物、黑茶提取物、茶多酚、茶色素等）两大类。但相比较而言，国产茶保健食品的原料仍主要以茶叶成分占主导，尤以绿茶为主。以茶叶提取物为原料的保健品数量依旧较少，主要以茶多酚为主，茶色素等其他提取物所占比例较小。而近些年来，以茶叶提取物为原料的产品数量逐年增加，说明茶保健食品的开发已从利用传统原料向以提取物为原料转变。随着研发转化力度的加大，除茶多酚外其他的如茶氨酸、茶多糖等功能性成分也将应用于保健食品。

在 2004—2014 年批准注册的 196 个茶保健食品中，具有单一保健功能的产品占主导。国家食品药品监督管理总局公布的保健食品功能共有 27 项，将保健功能新旧名称统一后予以统计，2004—2014 年批准注册茶保健食品涉及其中 18 项保健功能，可见茶保健食品的保健功能较为全面，其中最为常见的 5 项保健功能分别为辅助降血脂、减肥、增强免疫力、通便和缓解疲劳。

思考题

1. 六大茶类的分类依据是什么？
2. 饮茶具有哪些保健功效？
3. 茶多酚为什么可以清除自由基？
4. "茶寿"是多少岁？

参考文献

[1] 王岳飞, 徐平 . 茶文化与茶健康 [M]. 北京：旅游教育出版社 , 2014.

[2] 王岳飞, 周继红 . 第一次品绿茶就上手 [M]. 北京：旅游教育出版社 , 2016.

[3] 屠幼英 . 茶与健康 [M]. 北京：世界图书出版公司 , 2011.

[4] 周继红, 应乐, 徐平 , 等 . 茶相关保健食品的开发现状 [J]. 中国茶叶加工, 2015(4): 26-30.

【在线微课】

7-1 "茶为万病之药"的历史回顾

7-2 茶抗氧化和延缓衰老作用的研究

7-3 茶叶防辐射作用

7-4 茶能延年益寿

7-5 茶对心血管
疾病的影响

7-6 茶叶防癌抗
癌作用

7-7 茶对糖尿病
的防治作用

7-8 茶叶的神经
保护作用

7-9 茶叶的其他
功能

茶的分类与加工

第八章

第一节　中国茶区的分布概述

茶区是按茶树生物学特性，在适合于茶叶生产要求的地域空间范围内，综合地划分为若干自然、经济和社会条件大致相似、茶叶生产技术大致相同的茶树栽培区域单元。中国茶树栽培历史悠久，随着我国古代朝代的更替与经济文化的发展，茶区的生态环境、茶类生产、茶叶品质等均经历了不同的变化。

一、古代茶区的演变

茶区的概念最早出现于唐代陆羽的《茶经》中，书中把当时的植茶地划分为山南、淮南、浙西、剑南、浙东、黔中、江西、岭南八大茶区。

到了元代，茶叶种植得到了迅速发展，主要茶区从长江流域和淮南一带拓展到了江西行中书省、湖广行中书省，包括现在的湖南、湖北、广东、广西、贵州、重庆和四川南部，并按成茶形态分成了片茶和散茶两大生产中心。

明代则无新产茶地区的记述，茶区沿袭元代。

清代时期，随着饮茶之风的普及以及对外贸易的开展，茶叶种植的范围得到了进一步扩大，并形成了以砖茶、乌龙茶、红茶、绿茶、边茶、花茶六大茶类为中心的栽培区域。

二、现代茶区概况

（一）中国茶区的分布

目前，全国产茶省（区、市）有浙江、安徽、福建、江西、山东、河南、湖北、湖南、广东、广西、海南、重庆、四川、贵州、云南、陕西、甘肃、西藏、台湾等，分布1000多个市（县）。从地理纬度来看，南起北纬18°的海南省三亚市，北至北纬38°的山东蓬莱岛，东起东经122°的台湾东岸，西至东经94°的西藏自治区察隅，囊括中热带、边缘热带、南亚热带、中亚热带、北亚热带和暖温带等6个气候带。从地形条件来看，有平原、丘陵、盆地、山地和高原等类型，各茶叶种植地的海拔高低也具有较大差异。

茶树的种植受土壤、气候、水热、地势等条件影响较大，不同地区的茶树面积、产量和产值也不一样，形成了一定的茶类结构。

（二）中国茶区的划分

依据茶类结构、地域差异、品种分布、人文历史等特点，我国的茶叶产地划分为四大茶区，即江南茶区、江北茶区、西南茶区、华南茶区（表8.1）。

表8.1　中国四大茶区简介

四大茶区	地理位置	气候特征	土壤类型	茶树品种
江南茶区	位于长江中、下游南部，包括浙江、湖南、江西等省和皖南、苏南、鄂南等地	基本上属于亚热带季风气候，四季分明，温暖宜人，年平均气温为15～18℃。年降水量1400～1600毫米，降水以春夏季为多	主要为红壤，部分为黄壤或棕壤，少数为冲积壤	以灌木型为主
江北茶区	位于长江中、下游北岸，包括河南、陕西、甘肃、山东等省和皖北、苏北、鄂北等地	年平均气温较低，冬季漫长，年平均气温为15～16℃，冬季绝对最低气温为−10℃左右，容易造成茶树冻害。年降水量在1000毫米以下，且分布不匀，常使茶树受旱	多属黄棕壤或棕壤，是中国南北土壤的过渡类型	抗寒性较强的灌木型中小叶种

四大茶区	地理位置	气候特征	土壤类型	茶树品种
西南茶区	位于中国西南部，包括云南、贵州、四川三省以及西藏东南部	大部分地区属亚热带季风气候，气候变化大，年平均气温15～18℃，年降水量大多在1000毫米以上，多雾，适合大叶种茶树的生长培育	土壤类型较多，重庆、四川、贵州和西藏东南部以黄壤为主，有少量棕壤；云南主要为赤红壤和山地红壤	茶树品种资源丰富，有灌木型、小乔木型茶树，部分地区还有乔木型茶树
华南茶区	位于中国南部，包括广东、广西、福建、台湾、海南等地	属热带季风气候，水热资源丰富，平均气温19～22℃，年平均降水量达1500毫米	以砖红壤为主，部分地区也有红壤和黄壤分布，土层深厚，有机质含量丰富	茶树资源极为丰富，以乔木型和小乔木大叶种偏多

1. 江南茶区

江南茶区是我国茶叶的主产区，也是茶树适宜生态区，产茶历史悠久，资源丰富（图8.1～图8.4）。黄山、武夷山、庐山、天目山、天台山等既是旅游胜地，又是名茶产地。生产的主要茶类有绿茶、红茶、白茶、黑茶、乌龙茶、黄茶、花

图8.1　安徽黄山休宁县里仁村高山茶园

图8.2　湖南长沙县长安基地

图8.3　浙江长兴茶园

图8.4　江西浮梁茶园

茶以及品质各异的特种名茶，如浙江的西湖龙井、九曲红梅，安徽的黄山毛峰、太平猴魁、祁门红茶，江苏的洞庭碧螺春，湖南的君山银针、安化黑茶、古丈毛尖、黄金茶，江西的庐山云雾，福建的大红袍、正山小种、白毫银针、白牡丹等。

2. 江北茶区

江北茶区，是茶树次适宜生态区（图 8.5 ～ 图 8.7）。与其他茶区相比，此区地形较复杂，土壤肥力不高，气温低，积温少。但在少数山区有良好的微域气候，生长季节昼夜温差大，茶的品质亦不亚于其他茶区。生产茶类主要为绿茶，如信阳毛尖、汉中仙毫等。

图8.5　河南信阳茶园（王广铭）

图8.6　山东日照茶园（汪强强）

图8.7　陕西汉中勉县武侯春万亩有机茶园
（由陕西省茶产业促进会提供）

3.　西南茶区

　　西南茶区是我国最古老的茶区，也是茶树适宜生态区，茶树品种资源丰富（图
8.8～图8.10）。茶区地形复杂，地势高、起伏大，各地气候差异也大。部分地
区水热条件较好，土壤有机质含量丰富，产出的茶叶品质较优，也是中国发展大
叶种红碎茶的主要基地之一。主要生产红茶、绿茶、普洱茶、边销茶和花茶等，
如都匀毛尖、竹叶青、川红、蒙顶黄芽、沱茶、康砖、金尖等。

图8.8　云南楚雄州双柏县麦地村茶园

图8.9　贵州毕节纳雍茶园

图8.10　四川雅安蒙顶山茶园（由蒙顶山茶叶交易所提供）

4. 华南茶区

　　华南茶区是我国最南茶区，水热资源丰富，森林覆盖率高，土壤肥沃，茶区土壤以砖红壤为主，土层深厚，有机质含量丰富，非常适宜茶树生长，属茶树最适宜生态区（图8.11～图8.13）。该区是红茶、乌龙茶、绿茶、普洱茶、六堡茶、花茶等茶类的重要生产基地。著名的茶叶有广东英红、凤凰单丛，福建铁观音、黄金桂，台湾冻顶乌龙、东方美人等。

图8.11　广东汕尾莲花山

图8.12　福建宁德市白马
山有机茶庄园

图8.13　广西贺州姑婆山
方家茶园（刘兴枝摄）

第二节　六大茶类

我国的茶类按初制技术及发酵程度分为绿茶、红茶、乌龙茶（青茶）、白茶、黄茶和黑茶六大类。各类茶由于加工工艺的差异，茶鲜叶发生了不同程度的酶性或非酶性氧化或降解反应，产生了不同的化学物质，从而形成了不同风格的品质特征。

一、绿茶

绿茶是中国的主要茶类之一，也是名品最多、产量最大的茶类，属于不发酵茶。我国的各个省份都有绿茶的生产，尤其以四川、贵州、云南、浙江、福建、安徽、湖北、湖南等地居多。绿茶的原料较嫩。不同种类的绿茶风格各异，品质差异明显，具有较高的艺术欣赏及品饮价值。绿茶在制作工艺上按杀青和干燥方法不同，可以分为炒青绿茶、烘青绿茶、烘炒结合型绿茶、晒青绿茶以及蒸青绿茶等。

（一）炒青绿茶

炒青绿茶因干燥方式以炒为主（或全部炒干）而得名，成品茶具有香气浓郁高爽、滋味浓醇厚爽的品质特征。在炒干过程中，由于受机械或手工作用力的不同，成品茶呈现出长条形、圆珠形、扁平形、针形、螺形等形状，因此又分为长炒青、圆炒青、扁炒青、特种炒青。

1. 长炒青

长炒青的品质一般要求外形条索紧结，色泽绿润，香气高鲜，汤色绿明，滋味浓郁，富收敛性，叶底嫩匀。经过精制后的长炒青称为眉茶（图8.14），成品花色有珍眉、贡熙、雨花、茶芯、针眉、秀眉、茶末等，不同花色具有不同的品质特征。代表茶为屯绿、婺绿等。

2. 圆炒青（平炒青）

圆炒青具有外形圆紧如珠、色泽墨绿油润、香高味

图8.14　长炒青（眉茶）

浓、汤色黄绿明亮、叶底嫩匀完整、耐泡等品质特点。精制后的成品花色有珠茶、雨茶等。代表茶为泉岗辉白、涌溪火青（图8.15）等。

图8.15　圆炒青（涌溪火青）

3. 扁炒青

扁炒青成品茶外形扁平光滑，内质香鲜馥郁，甘鲜醇厚，叶底嫩匀成朵。因产地和制法不同，历史上分为龙井、旗枪、大方。代表茶有西湖龙井（图8.16）、老竹大方等。

4. 特种炒青

除了上述炒青绿茶之外，还有一部分产量不多、品质独特、造型多样的细嫩炒青绿茶，统称为特种炒青，如洞庭碧螺春（图8.17）、蒙顶甘露（图8.18）、竹叶青、南京雨花茶（图8.19）、三杯香、古丈毛尖、安化松针、信阳毛尖（图8.20）、都匀毛尖（图8.21）、庐山云雾茶等。

图8.16　扁炒青
（西湖龙井）

图8.17　特种炒青
（洞庭碧螺春）

图8.18　特种炒青
（蒙顶甘露）

图8.19　特种炒青
（南京雨花茶）

图8.20　特种炒青
（信阳毛尖）

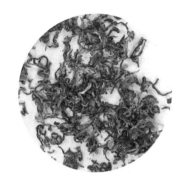

图8.21　特种炒青
（都匀毛尖）

（二）烘青绿茶

烘青绿茶是指在干燥过程中采用以烘为主（或全部烘干）的方式加工而成的绿茶，因加工时受外力作用不大，细胞破损度小，故其外观颜色相对较浅，成品茶香气清高鲜爽，滋味清醇甘爽。按照原料嫩度的不同分为普通（大宗）烘青绿茶和特种（细嫩）烘青绿茶。

1. 普通烘青绿茶

普通烘青绿茶一般是用来做窨制花茶的茶坯，在全国各地均有生产。原料一般多为一芽二叶至三四叶或对夹叶。其外形条索较紧结，色泽深绿油润，内质香气清高，汤色清澈明亮，滋味鲜醇，叶底嫩绿明亮。

2. 特种（细嫩）烘青绿茶

区域性的名优绿茶，原料多为一芽一叶初展至一芽二叶。成品茶外形多呈自然状态，香气清鲜高长，汤色清澈明亮，滋味鲜爽回甘，叶底芽叶成朵。代表茶有黄山毛峰（图 8.22）、太平猴魁（图 8.23）、六安瓜片、安吉白茶（图 8.24）、顾渚紫笋（图 8.25）、峨眉毛峰等。

（三）烘炒结合型绿茶

烘炒结合型绿茶的干燥工序为半烘半炒。此类加工方法结合了炒青与烘青两者的优点，适用于名优绿茶的加工。其品质特征为外形条索较紧结，内质香高持久，汤色嫩绿明亮，滋味鲜醇回甘，叶底嫩肥。代表茶有雁荡毛峰茶、慧明茶（图 8.26）、高桥银峰、石门银峰、天台山云雾茶、羊岩勾青（图 8.27）、紫阳毛尖等。

图8.22　黄山毛峰　　　　　　图8.23　太平猴魁

图8.24　安吉白茶　　　　　　图8.25　顾渚紫笋

图8.26　慧明茶　　　　　　　图8.27　羊岩勾青

（四）晒青绿茶

　　晒青绿茶即在干燥过程中采用晒干为主（或全部晒干）的方式制成的绿茶，香气较高，滋味浓厚，具有日晒气味风格，品质与其他绿茶有较大的差异。晒青绿茶中以滇青（云南大叶种）品质最好，常用来作为压制沱茶、普洱饼茶的原料。普洱晒青毛茶见图8.28。还有川青、黔青、桂青、鄂青等种类。

（五）蒸青绿茶

蒸汽杀青方式即利用蒸汽来破坏鲜叶中的酶活性，最早起源于我国，唐朝时传至日本，沿用至今，而我国则自明朝起即改为锅炒杀青。蒸青绿茶具有干茶色泽深绿，茶汤浅绿和茶底青绿的"三绿"品质特征，香气清高、滋味鲜爽。代表茶有恩施玉露（图 8.29）、中国煎茶、日本玉露茶（图 8.30）等。

图8.28　普洱晒青毛茶

图8.29　恩施玉露

图8.30　日本玉露茶

二、红茶

红茶属于全发酵茶，是目前世界上消费量最大的茶类。红茶最初起源于福建省武夷山一带的小种红茶，之后慢慢演变成了小种红茶、工夫红茶以及红碎茶三类。目前，茶区主要分布在福建、云南、湖南、湖北、贵州、安徽、广西、广东等地。

（一）小种红茶

小种红茶是最古老的红茶，同时也是其他红茶的鼻祖。小种红茶具有独特的松烟香。小种红茶分为正山小种和烟小种两类，均原产于武夷山地区。代表茶有正山小种（图 8.31）、坦洋小种和政和小种等。

图8.31　正山小种

（二）工夫红茶

工夫红茶是我国特有的红茶品种，也是我国传统的出口商品。其得名于制作需经多道工序，精工细作，颇费工夫。工夫红茶，根据产地不同，可分为滇红、祁红、川红、宜红、宁红、闽红、湖红等，按茶树品种不同，可分为大叶工夫和小叶工夫。其中品质优良，较有代表性的为云南滇红（图8.32）、祁门红茶（图8.33）和坦洋工夫等。

图8.32　云南滇红

图8.33　祁门红茶

（三）红碎茶

红碎茶是国际茶叶市场的大宗产品，印度、斯里兰卡等国加工红碎茶的历史悠久，而我国的研制起步较晚。红碎茶，按形状不同，可分为叶茶、碎茶、片茶、末茶四种规格，具有"浓、强、鲜、香"的品质特点。代表茶类有滇红碎茶、南川红碎茶、印度红碎茶、斯里兰卡红碎茶（图8.34）。

图8.34　斯里兰卡红碎茶

三、乌龙茶

乌龙茶，亦称青茶，属于半发酵茶，是具鲜明中国特色的茶叶品类。乌龙茶由宋代贡茶龙团凤饼演变而来，在现代以其健康功效被称为"美容茶""健美茶"。乌龙茶因产地的不同可分为闽北乌龙、闽南乌龙、广东乌龙和台湾乌龙。

（一）闽北乌龙

闽北乌龙的主要产地是武夷岩山、建瓯、建阳等县（市），代表名茶为大红袍（图8.35）、肉桂（图8.36）、水仙、铁罗汉、水金龟、白鸡冠以及闽北水仙等。

图8.35 大红袍　　　　　　　　　　　图8.36 肉桂

（二）闽南乌龙

闽南乌龙按鲜叶原料以及茶树品种的不同，可分为铁观音（图8.37、图8.38）、黄金桂、本山、乌龙、色种等，代表名茶为安溪铁观音。

图8.37 浓香型铁观音　　　　　　　　图8.38 清香型铁观音

（三）广东乌龙

广东乌龙的花色品种主要有单丛、水仙、乌龙及色种茶。代表名茶有凤凰单丛（图8.39）、岭头单丛、凤凰水仙等。

图8.39 凤凰单丛

（四）台湾乌龙

台湾乌龙分为包种和乌龙。代表名茶有阿里山乌龙（图8.40）、文山包种（图8.41）、冻顶乌龙、金萱茶、白毫乌龙（图8.42）等。

图8.40　阿里山乌龙

图8.41　文山包种

四、白茶

白茶是我国的特色茶类，属微发酵茶。因其成品茶多为芽头，满披白毫，如银似雪而得名。白茶素有"绿妆素裹"之美感，民间流传着白茶"一年茶，三年药，七年宝"之说。其品质特点为外形满披白毫、汤色黄亮，有毫香，滋味鲜醇，叶底嫩匀。主要产区在福建福鼎、政和、松溪、建阳以及云南景谷等地。按照茶树品种和原料要求的不同，白茶分为白毫银针（图8.43）、白牡丹（图8.44）、贡眉（图8.45）。

图8.42　白毫乌龙

图8.43　白毫银针

图8.44　白牡丹

（一）白毫银针

白毫银针采用肥大芽头制成，因成品茶形状似针，白毫密被，色白如银，熠熠闪光，令人赏心悦目而得名，素有茶中"美女""茶王"之美称。按原料不同，白毫银针可分为特级和一级，按产地不同，白毫银针可分为北路银针和南路银针。

图8.45　贡眉

（二）白牡丹

白牡丹采用一芽一二叶制成，因其绿叶夹银白色毫心，形似花朵，冲泡后绿叶托着嫩芽，宛如蓓蕾初放而得名。其汤色杏黄或橙黄清澈，香毫显，味鲜醇。产品分为特级、一级至三级。

（三）贡眉

贡眉采用一芽二三叶制成，色香味不及白牡丹。成品茶毫心较小，色泽灰绿稍黄，滋味醇爽，香气鲜纯，叶底匀整，叶脉带红。产品分为特级、一级至三级，较低等级的称为寿眉（图 8.46）。

图8.46　寿眉

五、黑茶

黑茶因成品茶的外观呈黑色而得名，属于后发酵茶，是我国特有的茶类。黑茶历史悠久，主要是采用粗老的原料以及特色的渥堆工序制作而成。按地域分布，黑茶主要分为湖南黑茶、湖北青砖茶、四川边茶、云南黑茶（普洱熟茶）、广西六堡茶等。

（一）湖南黑茶

湖南黑茶原产地位于资江边的安化县，现产区已扩大到桃江、沅江、临湘等地。成品有"三尖""三砖""一花卷"系列，即天尖（图 8.47）、贡尖、生尖、茯砖（图8.48、图 8.49）、黑砖（图 8.50）、花砖以及千两茶（图 8.51）。

图8.47　湖南天尖茶

图8.48　湖南茯砖茶（1）

图8.49　湖南茯砖茶（2）

图8.50　湖南黑砖茶

（二）湖北青砖茶

湖北青砖茶（图8.52）的产地主要在长江流域鄂南和鄂西南地区，原产地在湖北省赤壁市赵李桥羊楼洞古镇，已有600多年的历史。

图8.51　湖南千两茶

图8.52　湖北青砖茶

（三）四川边茶

四川边茶因销路不同，分为南路边茶和西路边茶。南路边茶，又称南边茶，依枝叶加工方法不同，有毛庄茶和做庄茶之分，成品经整理之后压制成康砖和金尖两个花色。西路边茶，又称西边茶，西路边茶的枝叶较南路边茶更为粗老，其成品茶有茯砖和方包两个花色。

（四）云南黑茶（普洱熟茶）

云南黑茶又称普洱熟茶（图 8.53），产于云南省澜沧江流域的西双版纳及思茅等地。普洱茶按其加工工艺及品质特征可分为普洱生茶和普洱熟茶两种类型，其中生茶属于绿茶，熟茶才属于黑茶类。普洱茶在形态上可分为紧压茶和散茶两大类。

（五）广西六堡茶

六堡茶因原产于广西壮族自治区苍梧县六堡乡而得名，具有悠久的生产历史。其生产原料属于较为细嫩的一种，成品品质以"红、浓、醇、陈"四绝而著称，具有有特色的松烟味和槟榔味（图 8.54）。

图8.53　普洱熟茶

图8.54　广西六堡茶

六、黄茶

黄茶是我国特有的茶类，属于轻微发酵茶。黄茶最大的特点就是"黄汤黄叶"，这得益于其独特的"闷黄"制作工艺。黄茶历史悠久，最初创作于西汉，目前多产于安徽、湖南、湖北、浙江、四川、广东等地。按照鲜叶老嫩的不同，可分为黄芽茶、黄小茶和黄大茶。

（一）黄芽茶

黄芽茶一般采用单芽或一芽一叶制成。黄芽茶可分为银针和黄芽两种，前者主要有君山银针（图8.55），后者主要有蒙顶黄芽（图8.56）和莫干黄芽（图8.57）等。

（二）黄小茶

黄小茶的原料一般为一芽一二叶，如沩山毛尖、北港毛尖、鹿苑茶、平阳黄汤等。

图8.55　君山银针

图8.56　蒙顶黄芽

图8.57　莫干黄芽

（三）黄大茶

黄大茶的原料一般为一芽三四叶或一芽四五叶，主要有霍山黄大茶（图8.58、图8.59）和广东大叶青。

图8.58　霍山黄大茶（1）　　　　　图8.59　霍山黄大茶（2）

第三节　不同茶类的加工工艺

一、绿茶

（一）绿茶的基本加工工艺流程

绿茶以采摘的鲜叶为原料，基本加工工艺流程为：鲜叶→摊放→杀青→揉捻→干燥（图8.60）。绿茶的花色品种很多，品质特点为"三绿"，即叶绿、汤绿、叶底绿。

鲜叶在摊放的过程中发生着缓慢的生化变化：酶活性增强，叶绿素略有破坏，散发部分青气，儿茶素轻微氧化，部分蛋白质水解为氨基酸，淀粉分解转化为可溶性糖类。这些变化均有利于促进绿茶品质的形成。

杀青是绿茶加工工艺中最重要的一步，对绿茶品质起着决定性作用。其目的，一是利用高温迅速破坏鲜叶中的酶活性，制止多酚类化合物酶促氧化，使加工叶保持色泽绿翠，形成绿茶清汤绿叶的品质；二是利用高温促使低沸点芳香物质挥发，散发青草气，发展茶香；三是加速鲜叶中化学成分水解和热裂解，为绿茶品质形成奠定基础；四是蒸发一部分水分，使叶质变柔软，增加韧性，便于揉捻成型。

鲜叶　　　　　　　　摊放　　　　　　　　杀青

揉捻　　　　　　　　干燥

图8.60　绿茶基本加工工艺流程

除特种茶外，目前大部分绿茶均采用机械杀青。按照杀青方法的不同可以分为炒青绿茶和蒸青绿茶。

揉捻是炒青绿茶成条的重要工序。揉捻是利用物理作用使叶片细胞破碎，促使部分多酚类物质氧化，减少炒青绿茶的苦涩味，增加浓醇味；同时，杀青叶在揉桶内受到多种力的相互作用形成紧结的条索，对提高滋味浓度和整体品质有着重要作用。

干燥除了可以散发水分，还是茶叶定形，固定茶叶品质，发展茶香的重要工序。由于干燥工艺与所用机器的不同，产品品质也有所不同，造型各异的名优绿茶大多数是因不同的干燥方法而形成的。干燥方式分为炒干、烘干、晒干。

（二）不同形状绿茶的加工工艺流程简介

不同形状的绿茶加工工艺流程简介见表8.2。

表8.2　不同形状的绿茶加工工艺流程简介

形状	加工工艺流程	代表茶类
扁平形	鲜叶→摊放→炒青锅→摊凉、筛分→辉锅	龙井、大方、湄江翠片
单芽形	鲜叶→摊放→杀青→初烘→整形→复烘	雪水云绿

续　表

形状	加工工艺流程	代表茶类
直条形	鲜叶→摊放→杀青→整形锅炒→烘干	南京雨花茶、安化松针
曲条形	鲜叶→摊放→杀青→揉捻→初烘→炒干→再烘	婺源茗眉
曲螺形	鲜叶→杀青→揉捻→搓团显毫→烘干	碧螺春、高桥银峰
珠粒形	鲜叶→摊放→杀青→揉捻→初烘→炒二青→炒三青	泉岗辉白、贡熙
兰花形	鲜叶→摊放→杀青→整形→烘干	岳西翠兰、沩山毛尖
扎花形	鲜叶→杀青→整理排列茶条→用线扎把→扳倒茶条→压平→初烘→摊凉→再烘	黄山绿牡丹

二、红茶

（一）红茶的基本加工工艺流程

红茶的基本加工工艺流程为：鲜叶→萎凋→揉捻/揉切→发酵→干燥，如图8.61所示。

鲜叶　　萎凋　　揉捻

发酵　　干燥

图8.61　红茶基本加工工艺流程

萎凋是红茶初制的第一道工序。鲜叶经过一段时间失水可适当蒸发水分，提升叶片柔韧性，便于后续造型。随着萎凋工序的进行，青草味逐渐消失，茶叶清香渐现。萎凋方法分为自然萎凋和萎凋槽萎凋两种。自然萎凋即将茶叶薄摊在室内或室外阳光不太强处，摊放一定的时间。萎凋槽萎凋是将鲜叶置于通气槽体中，以加速萎凋过程，这也是目前普遍使用的萎凋方法。

揉捻是红条茶塑造外形和形成内质的重要工序。一方面，借助机械力的作用充分破坏了叶组织细胞，茶汁溢出，使叶内多酚氧化酶与多酚类化合物接触进行氧化，从而促进发酵的顺利进行，为形成红茶特有的色、香、味奠定基础；另一方面，在外力的作用下萎凋叶搓卷成紧直条索，缩小体形，美观外形。而对于红碎茶，主要采用揉切工序来塑造红碎茶的外形和内质，按揉切方法不同可分为传统制法、转子制法等。

发酵是红茶制作的独特阶段，发酵的实质是茶叶通过揉捻作用之后，原先无色多酚类物质在多酚氧化酶的作用下氧化形成了茶色素、茶黄素等聚合物，其他化学成分亦相应发生深刻变化。经过发酵，叶色由绿变红，从而形成红茶红叶、红汤的品质特点。发酵质量的好坏直接决定了成品红茶的品质，其关键技术就是控制好温度、湿度、供氧等条件，目前多采用发酵机进行控温、控湿、控时发酵。

干燥是将发酵好的茶坯，采用高温烘焙，迅速蒸发水分，钝化酶的活性，停止发酵，同时蒸发水分，缩小体积，固定外形。干燥可以散发大部分低沸点青草气味，并保留高沸点芳香物质，获得红茶特有的甜香。

（二）不同类型红茶的加工工艺流程简介

不同类型红茶的加工工艺流程简介见表8.3。

表8.3 不同类型红茶的加工工艺流程简介

类型	加工工艺流程	代表茶类
小种红茶	鲜叶→萎凋→揉捻→发酵→过红锅→复揉→熏焙	正山小种
工夫红茶	鲜叶→萎凋→揉捻→发酵→干燥	滇红、祁红、闽红
红碎茶	鲜叶→萎凋→揉切→发酵→干燥	叶茶、碎茶、片茶

三、乌龙茶

（一）乌龙茶的基本加工工艺流程

乌龙茶的基本加工工艺流程为：鲜叶→晒青→晾青→做青→杀青→揉捻（包揉）→烘焙（图8.62）。乌龙茶香味独特，具有天然的花果香气和品种的特殊香韵。原料采用适制乌龙茶的茶树品种。乌龙茶是鲜叶独特品质与加工技术相辅相成的结果。

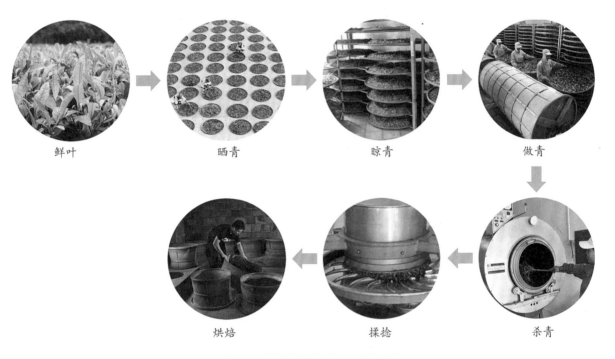

图8.62　乌龙茶基本加工工艺流程

乌龙茶加工工艺流程中的晒青、晾青可统称为萎凋。通过萎凋可散发部分水分，提高茶叶韧性，便于揉捻成型；同时可散发部分青草气，有利于香气散发。晒青即采用日光萎凋，伴随着萎凋失水的过程，酶活性增强，氨基酸及芳香醇、醛、酸类物质也逐渐增加，为做青过程中高香物质的形成及特殊香型的构成提供了必要的物质基础。

做青是形成乌龙茶独特香味的关键工序，它兼有继续萎凋的作用。做青主要是摇青与静置交替的过程，经过有规律的动与静的过程，叶缘细胞被破坏，茶叶内发生了一系列以多酚类化合物酶性氧化为主导的化学变化，以及其他物质的转化与积累，有利于乌龙茶香气、滋味的发展。在做青过程中，由于叶缘细胞破损，叶片边缘呈现红色，而叶片中央部分由暗绿转变为黄绿，即所谓的"绿叶红镶边"特质。不同发酵程度的乌龙茶所需的做青程度具有一定的差异。

乌龙茶的内质已在做青阶段基本形成，通过杀青抑制鲜叶中酶的活性，控制氧化进程，防止叶子继续红变，固定做青形成的品质。同时，高温可促进低沸点青草气挥发和转化，形成优雅清醇的茶香；还可以挥发一部分水分，使叶片柔软，便于揉捻。杀青时间长短视品种、季节、鲜叶老嫩，结合投叶量及火温而定。

通过揉捻可使叶片卷转成条，体积缩小，初步成型。同时部分茶汁挤溢附着在叶表面，对提高茶滋味浓度也有重要作用。不同形状的乌龙茶其揉捻方式也不同，如颗粒形的铁观音采用包揉法，而条形的乌龙茶则采用轻揉法。

烘焙是固定外形、提高香气的重要工序。烘焙可抑制酶促氧化，并起到热化作用，消除茶叶中的苦涩味，促进滋味醇厚等内质的形成。乌龙茶的烘焙过程十分细致，是形成岩茶色香味特有风格的重要环节，通常有多次焙火工序。

（二）不同发酵程度的乌龙茶加工工艺流程简介

不同发酵程度的乌龙茶加工工艺流程简介见表8.4。

表8.4　不同发酵程度的乌龙茶加工工艺流程简介

茶类	发酵程度	加工工艺流程
文山包种	20%左右	鲜叶→萎凋→炒青→揉捻→初干→复焙
冻顶乌龙	30%左右	鲜叶→萎凋→搅拌与室内萎凋→炒青→揉捻→初干→团揉→焙干
铁观音	40%左右	鲜叶→晒青→晾青→做青→炒青→初揉→初烘→包揉→足火
凤凰单丛	50%左右	鲜叶→晒青→晾青→浪青→炒青→揉捻→烘焙
大红袍	60%左右	鲜叶→晒青/加温萎凋→晾青→杀青→揉捻→烘焙
白毫乌龙	70%左右	鲜叶→萎凋→炒青→揉捻→初干→复焙

四、白茶

（一）白茶的基本加工工艺流程

白茶的基本加工工艺流程为：鲜叶→萎凋→干燥。萎凋和干燥两道工序间无明显界限，如图 8.63 所示。

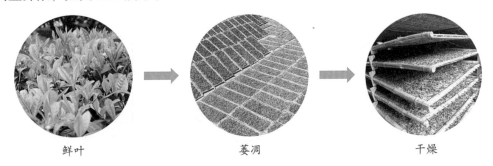

鲜叶   萎凋   干燥

图8.63　白茶基本加工工艺流程

萎凋是白茶制作的关键工序。传统工艺的白茶加工过程为鲜叶经过采摘后自然萎凋，轻微发酵，不炒不揉，自然干燥而得。白茶的萎凋时间较长，鲜叶在失水过程中酶活性增强，过氧化物酶催化过氧化物与多酚类化合物氧化，产生淡黄色物质；叶绿素逐渐分解与转化；淀粉水解成单糖和双糖；蛋白质水解为具有鲜味的氨基酸；内含物相互作用进一步促进了白茶香气的形成。通过上述转化逐渐形成了白茶"银叶白汤"的特有品质。

干燥是白茶散失水分，提高香气滋味的重要阶段。在高温作用下，带青草气的低沸点的醛醇类芳香物质发生挥发和异构化，形成带有清香的芳香物质。

（二）不同类型白茶的加工工艺流程简介

不同类型白茶的加工工艺流程见表 8.5。

表8.5　不同类型白茶的加工工艺流程简介

茶类	加工工艺流程
白毫银针	鲜叶→日光萎凋→室内萎凋→文火烘焙→复焙
白牡丹	鲜叶→复式萎凋→并筛→干燥→拣剔
新工艺白茶	鲜叶→轻萎凋→轻发酵→轻揉捻→干燥→精制

五、黑茶

（一）黑茶的基本加工工艺流程

黑茶的基本加工工艺流程为：鲜叶→杀青→揉捻→渥堆→干燥，如图 8.64 所示。黑茶的原料较为粗老，成茶色泽呈黑褐色或黝黑色。

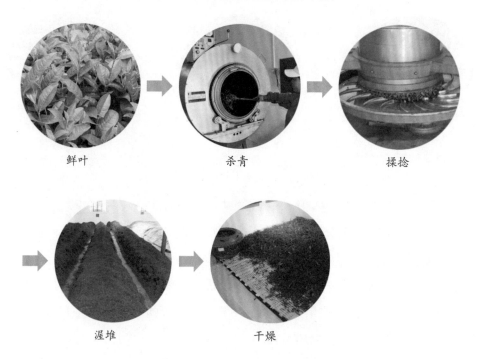

鲜叶　　　　　　杀青　　　　　　揉捻

渥堆　　　　　　干燥

图8.64　黑茶基本加工工艺流程

渥堆是黑茶加工工艺中的关键工序。渥堆的实质是以微生物的活动为中心，通过生化动力——胞外酶，物化动力——微生物热，茶内含化学成分分解产生的热以及微生物自身代谢的协调作用，使茶的内含物质发生极为复杂的变化，如大量苦涩味的物质转化为刺激性小、苦涩味弱的物质，水溶性糖和果胶增多，等等，从而形成黑茶特有的品质。不同黑茶的渥堆时间有所差异，从数小时到数天不等，部分黑茶会经过多次渥堆。

经过渥堆后，绿色的叶子变成黑褐色，汤色变深，滋味更浓醇，甚至产生陈香。有的黑茶要经过较长时间的仓贮以促进品质的转化与提升。

（二）不同类型黑茶的加工工艺流程简介

不同类型黑茶的加工工艺流程简介见表 8.6。

表8.6 不同类型黑茶的加工工艺流程简介

茶类	加工工艺流程	代表茶
湖南黑茶	鲜叶→杀青→初揉→渥堆→复揉→干燥→压制	安化黑茶
湖北老青茶	鲜叶→杀青→初揉→初晒→复炒→复揉→渥堆→干燥→压制	青砖茶
四川南路边茶	鲜叶→蒸汽杀青→揉捻→渥堆→干燥→筑压	康砖
四川西路边茶	鲜叶→蒸汽杀青→揉捻→渥堆→干燥→筑压→发花→干燥	茯砖
广西六堡茶	鲜叶→杀青→揉捻→渥堆→复揉→干燥	六堡茶
云南黑茶	鲜叶→杀青→揉捻→晒干→渥堆→晾干→筛分→压制	普洱熟茶

六、黄茶

（一）黄茶的基本加工工艺流程

黄茶的基本加工工艺流程为：鲜叶→杀青→揉捻→闷黄→干燥（图 8.65）。此工艺流程使黄茶形成"黄汤黄叶"的品质特征，其中揉捻和闷黄两道工序的顺序可依据情况进行调换，有些茶类如君山银针则不进行揉捻。

闷黄是制作黄茶中的关键工序，在湿热作用下，多酚类化合物发生非酶性自动氧化，叶绿素被破坏而产生褐变，淀粉和蛋白质均发生水解反应，单糖、游离氨基酸及挥发性物质增加，使得茶叶滋味甜醇，香气浓郁，汤色呈杏黄或浅黄，是成品茶叶呈黄色或黄绿色的重要条件。

干燥是形成黄茶香味的重要工序，闷黄后的叶子，在较低温度下进行烘炒，水分蒸发较慢，多酚类化合物的自动氧化和叶绿素等其他物质在湿热作用下进行缓慢转化，促进"黄叶黄汤"品质的进一步形成，最后用较高的温度烘炒，固定品质。

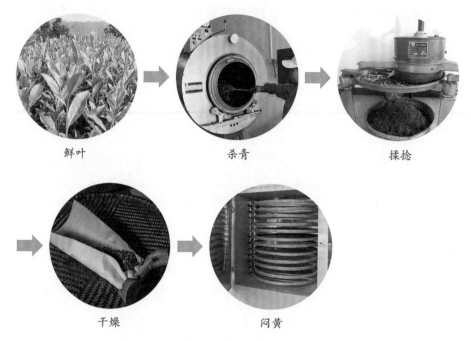

鲜叶　　　　　　　杀青　　　　　　　揉捻

干燥　　　　　　　闷黄

图8.65　黄茶基本加工工艺流程

（二）不同黄茶的加工工艺流程简介

不同黄茶的加工工艺流程简介见表 8.7。

表8.7　不同黄茶的加工工艺流程简介

茶类	品名	加工工艺流程
黄芽茶	君山银针	鲜叶→杀青→摊放→初烘与摊放→初包→复烘与摊放→足火→分级
	蒙顶黄芽	鲜叶→杀青→初包→复炒→复包→三炒→摊放→四炒→烘焙
	霍山黄芽	鲜叶→杀青做形→初烘→摊放→复烘→摊放→足烘
黄小茶	平阳黄汤	鲜叶→杀青→揉捻→闷堆→初烘→闷烘
	北港毛尖	鲜叶→杀青→锅揉→闷黄→复炒→复揉→烘干
	沩山毛尖	鲜叶→杀青→闷黄→烘焙→拣别→熏烟
	鹿苑茶	鲜叶→杀青→二炒→闷堆→三炒
黄大茶	霍山黄大茶	鲜叶→杀青→揉捻→初烘→堆积→烘焙
	广东大叶青	鲜叶→萎凋→杀青→揉捻→闷堆→干燥

思考题

1.目前我国的茶区是依据什么划分的？分为哪几个茶区？每个茶区有什么代表性的名茶？

2.我国六大茶类的划分依据是什么？

3.我国的绿茶基本加工工艺是什么？按加工工艺可分为哪几类？各类有什么代表茶？

4.红茶的基本加工工艺是什么？红茶可分为哪几类？各类有什么代表茶？

5.乌龙茶的基本加工工艺是什么？乌龙茶可分为哪几类？各类有什么代表茶？

6.白茶的基本加工工艺是什么？白茶可分为哪几类？各类有什么代表茶？

7.黑茶的基本加工工艺是什么？黑茶可分为哪几类？各类有什么代表茶？

8.黄茶的基本加工工艺是什么？黄茶可分为哪几类？各类有什么代表茶？

9.六大茶类的关键加工工序分别是什么？对其品质的形成各有什么作用？

10.目前我国产量最高的茶类是什么？

参考文献

[1] 施兆鹏 . 茶叶审评与检验 [M]. 4 版 . 北京: 中国农业出版社, 2010.

[2] 王岳飞, 徐平 . 茶文化与茶健康 [M]. 北京: 旅游教育出版社, 2014.

[3] 刘枫 . 新茶经 [M]. 北京: 中央文献出版社, 2015.

[4] 骆耀平 . 茶树栽培学 [M]. 4 版 . 北京: 中国农业出版社, 2010.

【 在线微课 】

8-1 认识中国的产茶区

8-2 茶叶分类依据

8-3 制茶工艺基本原理

第九章　茶的审评与鉴定

本章主要讲述日常生活中喝茶、赏茶、评茶的基本知识，主要包括茶的色香味形分类及其主导成分、影响色香味形的因素、茶叶感官评审基本方法、茶叶质量感官评审的判定标准、茶叶选购指南与贮藏手段。

第一节　茶叶品质概述

茶叶品质，一般指茶叶的色、香、味、形与叶底。就饮用需要而言，茶汤香气和滋味是茶叶品质的核心。但茶叶作为一种商品，其外观也是非常重要的。评审茶叶品质优劣，一般首先审查茶叶外形（包括干茶形状与色泽），嗅香气、看汤色、尝滋味、评叶底。本节内容从茶叶色泽、香气、滋味、外观品质四部分进行论述，揭示茶叶品质形成的内因与外因，从而从理性、科学的角度深入理解茶叶品质。

一、茶叶色泽

茶叶的色泽由干茶的色泽、茶汤色泽、叶底色泽三部分组成（图 9.1）。茶叶当中的色泽主要是鲜叶当中的内含成分及其在加工过程中不同程度的降解、氧化

干茶

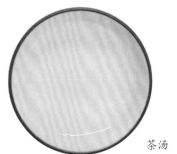

茶汤

叶底

图9.1　干茶的色泽、
茶汤色泽、叶底色泽

聚合变化的一个总反映。茶叶色泽是茶叶命名与分类的重要依据。颜色是茶叶主要的品质特征之一，红茶、绿茶、乌龙茶、黑茶命名和分类的色泽依据是辨别茶叶品质优次的一个重要因素。

（一）茶叶色泽化学组成与影响因素

茶叶外形色泽和叶底色泽主要由叶绿素及其转化产物、叶黄素、类胡萝卜素、花青素及茶多酚不同氧化程度有色产物所构成。其中的脂溶性色素（包括叶绿素、叶黄素、胡萝卜素）与干茶的颜色、叶底相关。而水溶性色素（如花青素和茶多酚，包括茶黄素等氧化产物）与茶汤颜色关系密切。影响色泽的主要有以下两个因素：

1. 茶鲜叶

茶鲜叶内含物及其色泽很大程度上影响了成品茶的色泽。茶树品种和栽培环境与技术则是影响茶鲜叶色泽的主要因素，其中品种是最重要的因素。如图9.2所示，在同样的栽培环境下，这六个品种茶叶的颜色差异仍然很明显。优质名茶品种云尖叶片鲜叶颜色偏黄绿色，香菇寮白毫叶色偏深绿，嫩叶满披白毫，紫笋叶片色泽微紫。

栽培条件综合影响茶树的生长及叶子的颜色，对茶叶色泽影响也很大。一般平地茶园，光照较强，多直射光，气温高，湿度低，持嫩性差，叶质较硬，内含水浸出物等有效成分较低，不利品质的纤维素含量多，这种鲜叶做茶，色枯而不活，品质差；一般阴山、阴坡光照时间短，湿度高、温度低，土壤中有机质丰富，有利于蛋白质、叶绿素形成，鲜叶叶质柔软，持嫩性好，制绿茶色绿、汤清、品质好，制红茶色泽较暗；阳山、阳坡日照长而强，湿度低，温度高，茶叶机械组织发达，易老化，叶质硬，用这样的鲜叶制茶露筋梗，花色杂，对品质不利。

福鼎大白茶　　　　　龙井43

乌牛早　　　　　香菇寮白毫

云尖　　　　　紫笋

图9.2　不同品种的茶叶色泽

2. 茶叶加工工艺与技术

在茶叶加工过程中，茶叶中许多化学成分会发生反应，从而产生茶红素、茶黄素、茶褐素等物质，同时，茶多酚的非酶性氧化、叶绿素的降解也会影响色泽。上一章提到了六大茶类及其加工工艺，可以说五颜六色的产品是做出来的，清汤绿叶的绿茶，红汤红叶的红茶，黄汤黄叶的黄茶，绿叶红镶边的乌龙茶，其色泽与加工工艺均密不可分。

（二）干茶色泽

不同品种的茶叶，经过不同的加工技术，呈现出五彩缤纷的干茶色泽（图9.3）。

绿茶的不同色泽有翠绿、嫩绿、深绿，黄茶干茶呈褐黄色。

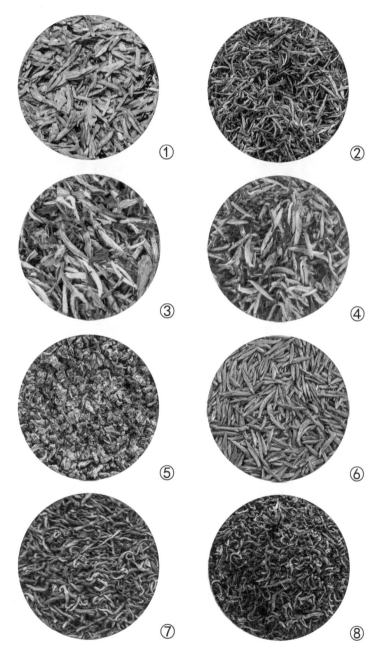

图9.3　不同茶叶的干茶色泽
①西湖龙井　②信阳毛尖　③白牡丹　④松阳银猴
⑤铁观音　⑥蒙顶黄芽　⑦滇红工夫　⑧普洱散茶

（三）茶汤色泽

茶叶的色泽中最美丽、变化最多的就数茶汤的颜色。名优绿茶茶汤色泽嫩绿明亮，带毫单芽茶汤浅绿明亮，大宗绿茶眉茶茶汤颜色黄明。绿茶中的水溶性色素是构成绿茶汤色的主要物质。眉茶的汤色偏黄，是因为其非酶促氧化程度较深（图9.4）；黄茶的汤色杏黄明亮，是茶多酚和茶多酚非酶性氧化所产生的物质所形成的茶汤的颜色（图9.5）。

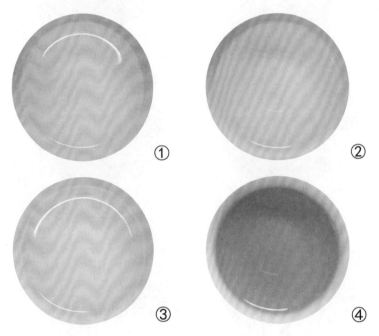

图9.4　绿茶茶汤颜色
①西湖龙井　②黄山毛峰　③大宗绿茶　④眉茶

图9.5　黄茶茶汤颜色

白茶、乌龙茶、红茶、黑茶茶汤颜色主要受茶多酚不同程度氧化产物的影响，氧化程度不同，相对分子质量不同，颜色表现也不尽相同（图9.6）。

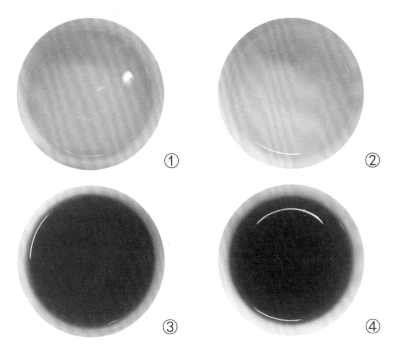

图9.6　白茶、乌龙茶、红茶、黑茶茶汤颜色
①白牡丹　②台湾乌龙　③红碎茶　④砖茶

茶多酚发生酶促氧化，其颜色表现为变红，而非酶性氧化会导致色泽变黄，茶汤颜色如此得以变幻多姿。除此之外，泡茶的水也会影响汤色，pH、矿质元素种类及含量都是影响因素。偏酸性的水泡出来的茶汤颜色浅，偏碱性的水泡出来的茶汤颜色深（图9.7）。

（四）叶底色泽

叶底色泽指的是泡开的茶叶所呈现的颜色。茶叶审评的一项重要内容就是观察叶底。高级黄茶叶底一般呈嫩黄色，大多数高级绿茶叶底则呈嫩绿色，优良的工夫红茶典型的叶底色泽为红亮，而绿叶红镶边是乌龙茶的典型叶底色泽。叶底色泽与茶叶原料色泽、加工方法、茶叶品质关系甚密（图9.8）。

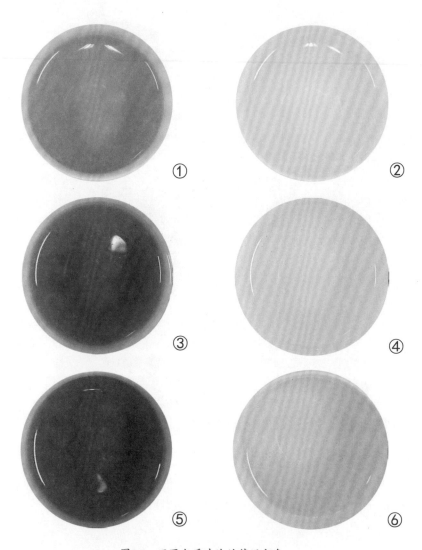

图9.7　不同水质冲泡的茶汤颜色
①② 娃哈哈纯净水冲泡的红、绿茶
③④ 农夫山泉冲泡的红、绿茶
⑤⑥ 自来水冲泡的红、绿茶

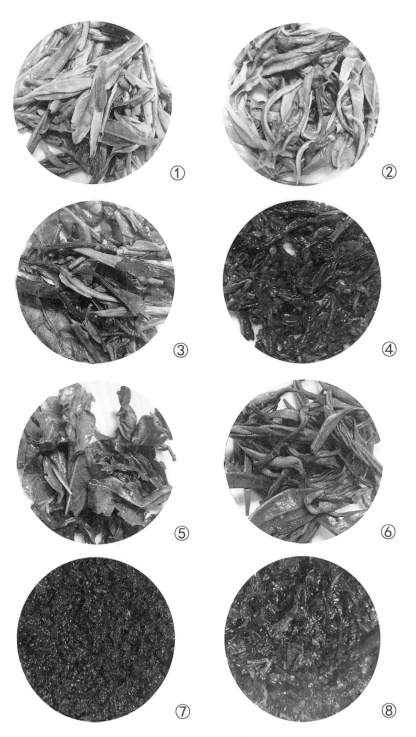

图9.8　不同茶类叶底颜色
①名优绿茶（西湖龙井）　②大宗绿茶　③白牡丹　④黄茶
⑤台湾乌龙　⑥名优红茶（滇红金芽）　⑦红碎茶　⑧砖茶

二、茶叶香气

茶叶香气影响饮茶体验，是茶叶品质的重要组成部分。虽然从物质上来说，茶叶香气物质仅占茶叶质量的 0.003% ～ 0.005%，但香气物质种类达 500 多种。

茶叶当中的芳樟醇、苯乙醇、香叶醇等，人们感觉到的是甜香、花香和木香；丁酸 – 顺 –3– 己烯酯等呈现的是鲜爽的味道；一些醛类则呈现出新鲜的茶的味道；吡咯、吡嗪类物质使人体验到烘炒的香气。不同茶类与不同产地的茶叶均有各自的独特香气。红茶香气常用"醇香""馥郁"来形容，而绿茶香气常用"鲜嫩""清高"等词描述。不同产地的茶叶香气有时还有特定的形容词，如祁门红茶的"祁门香"。茶叶香气类型大致可分为毫香型、嫩香型、花香型、果香型、清香型、甜香型、火香型、陈醇香型、松烟香型几种。由于人感观的复杂性，香气物质不同，使人感受不同，而同种物质，不同的人的感官体验也可能不同。

三、茶叶滋味

茶叶滋味应当是茶叶最重要的品质特征。作为世界上除水之外消费最多的饮料，茶叶的饮用价值受其滋味的影响极大。

影响茶叶滋味的物质主要有茶多酚及其氧化产物、氨基酸、咖啡因、糖类、果胶类等。

影响滋味的因素首先是鲜叶。茶叶中的涩味物质茶多酚有收敛性。儿茶素分为酯型和非酯型两种，酯型儿茶素涩味更重一点，非酯型儿茶素口感比较爽，体现的茶汤滋味比较醇爽。氨基酸是鲜味物质，占干物质总量的 1% ～ 8%，有些高氨基酸的品种，比如安吉白茶，其滋味比一般茶叶鲜甜。甜醇类物质主要有单糖、双糖和果胶。苦味物质是咖啡因、花青素和茶皂素。酸味也是调节茶汤风味的要素之一，酸味物质主要有部分氨基酸、有机酸、维生素 C、没食子酸等。

除原料外，影响滋味的另外一个因素是加工，同样的茶原料可以加工成红茶、绿茶、乌龙茶、白茶、黄茶。采用不同加工方法、加工工艺而成的茶叶其滋味是不一样的，如名优绿茶滋味清爽鲜甜，红碎茶滋味"浓、强、鲜"，岩茶滋味收敛性明显。

四、茶叶外观品质

茶叶形状是组成茶叶品质的重要因素。在中国，品茶的时候人们注重赏茶。茶叶形状是区分茶叶品种、花色的重要因素。茶叶的形状分成干茶的形状和叶底的形状。干茶的形状就是我们说的茶叶的形状。茶叶的形状除了受品种和栽培技术影响之外，主要受茶叶加工工艺和技术的影响，制法不一样，形状也不尽相同。

（一）曲卷形

中国十大名茶之一碧螺春为典型的曲卷形茶叶。另外，产于四川的蒙顶甘露、山东的雪青、云南的白洋曲毫、湖南的洞庭春、云南的苍山雪绿、江西的顶上春毫等名优绿茶，以及浙江的径山茶、湖南的高桥银峰，都是曲卷形的，造型非常美观（图9.9）。

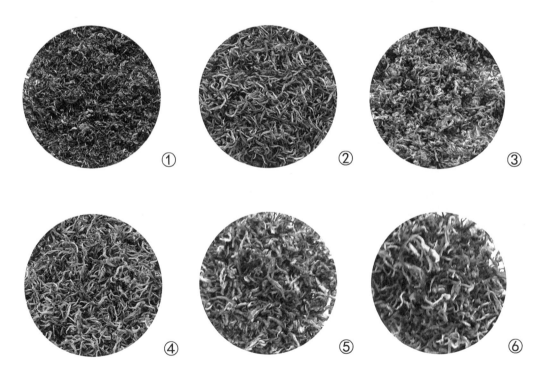

图9.9 曲卷形名优绿茶
①碧螺春 ②惠明茶 ③都匀毛尖
④径山茶 ⑤蒙顶甘露 ⑥高桥银峰

（二）扁平形（剑形）

杭州名茶西湖龙井是扁平形绿茶的代表，扁平形茶叶还有云南的保红茶、山东的春山雪剑、浙江的大佛龙井（图 9.10）等。

图9.10　扁平形名优绿茶
①西湖龙井　②大佛龙井

（三）针形

针形茶叶可分为两类，分别用单芽与一芽一叶制成（图 9.11）。单芽制成的针形茶，理条直的为直芽，自然干燥的是月牙形。单芽针形茶有太湖翠竹、雪水云绿、金山翠芽、采花毛尖等；一芽一叶针形茶是搓制而成的，比如南京雨花茶、安化松针等。

图9.11　针形名优绿茶
①武阳春雨　②南京雨花茶

（四）花朵形

花朵形的茶叶，有时也称燕尾形茶叶，由一芽一叶构成（图 9.12）。著名的安吉白茶就是典型的花朵形茶叶。此外，具有特色的太平猴魁也是花朵形茶叶。传统的太平猴魁为两叶抱一芽的玉芽形，现在的太平猴魁形状多扁平。

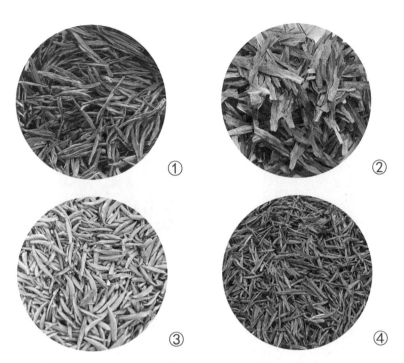

图9.12　花朵形名优绿茶
①安吉白茶　②太平猴魁　③开化龙顶　④望海茶

（五）圆形

圆形茶叶是做形的结果。浙江名茶羊岩勾青、安徽的涌溪火青均为圆形茶（图 9.13）。

图9.13　圆形名优绿茶
①羊岩勾青　②涌溪火青

（六）人工造型茶

人工造型茶的形状由人为加工而成（图9.14），如以乌龙茶为原料压制成长方形的漳平水仙饼茶，其形状为6厘米×6厘米×1厘米的长方体。沱茶的形状

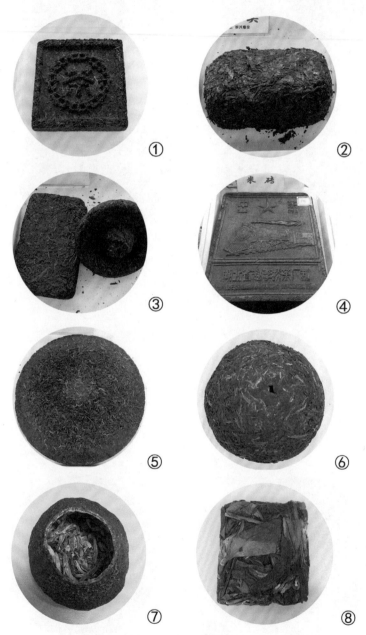

图9.14　人工造型茶
①普洱方茶　②金尖　③紧茶　④米砖
⑤七子饼茶　⑥沱茶　⑦小青柑　⑧漳平水仙

似半颗弹子，玲珑可爱。七子饼茶因以七饼装一筒而得名，呈圆饼形，形似圆月。

　　绿茶除了名优茶造型丰富多彩外，大宗绿茶也有其独特的造型（图9.15）。

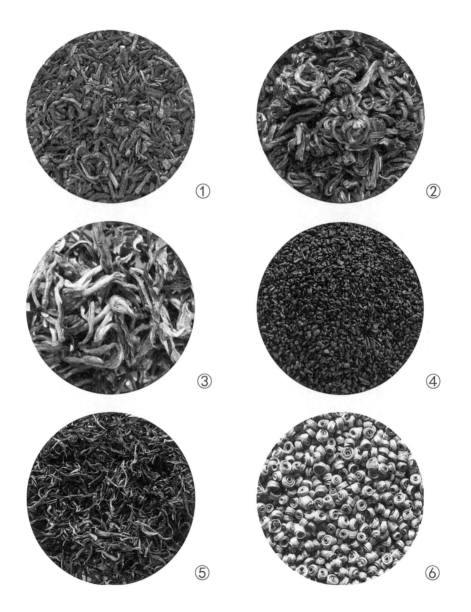

图9.15　大宗绿茶干茶造型
①珍眉　②炒青　③烘青　④珠茶　⑤晒青　⑥玉环

除了绿茶外，其他茶类的主要造型也丰富多彩。如图 9.16 所示为红茶干茶造型，如图 9.17 所示为乌龙茶干茶造型，如图 9.18 所示为白茶干茶造型，如图 9.19 所示为黄茶干茶造型。

市面上黑茶的形状相对丰富，尤其是普洱茶，造型各式各样（图 9.20）。

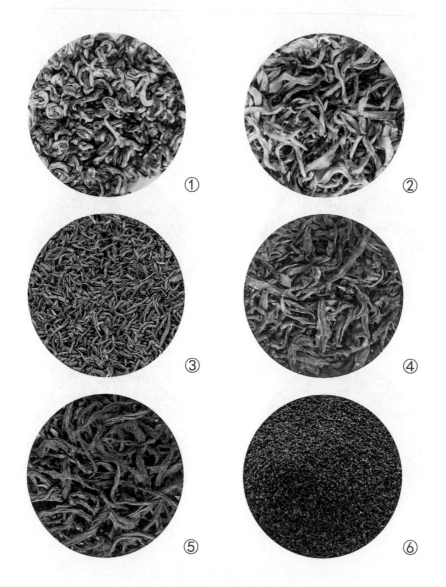

图9.16　红茶干茶造型
①滇红金螺　②滇红金芽　③祁门红茶　④正山小种　⑤九曲红梅　⑥红碎茶

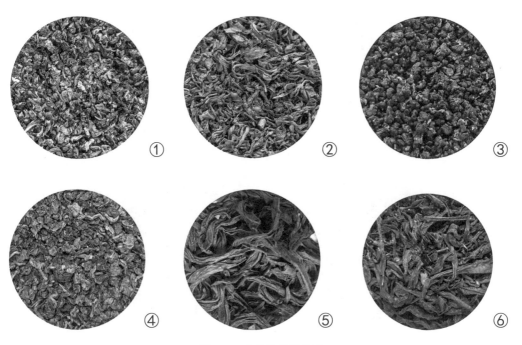

图9.17　乌龙茶干茶造型
①铁观音　②大红袍　③冻顶乌龙　④台湾乌龙　⑤乌岽单丛　⑥蜜兰香单丛

图9.18　白茶干茶造型
①白毫银针　②白芽茶　③白牡丹　④贡眉

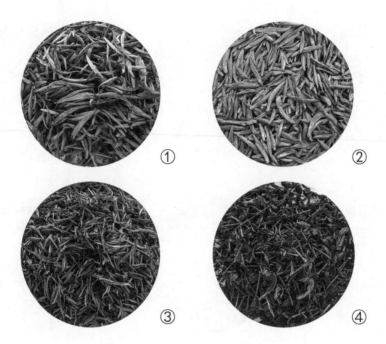

图9.19　黄茶干茶造型
①君山银针　②蒙顶黄茶　③霍山黄芽　④黄大茶

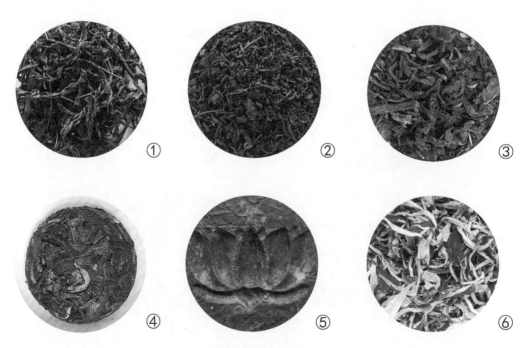

图9.20　黑茶干茶造型
①黑毛茶　②六堡茶　③普洱散茶　④普洱生茶　⑤饼茶　⑥月光白

第二节　茶叶审评操作

一、专业实验室环境条件要求

1. 面积与环境要求

茶叶品质是需要依靠人的感觉来进行评定的。茶叶感官审评不仅要求评茶人员准确、敏锐，同时也需要良好的环境、设备以及有序的审评方法。现行的《茶叶感官审评室基本条件》（GB/T 18797—2012）对评茶用具、评茶水质、茶水比、审评步骤等方面都做出了相应规定。

茶叶感官审评室要求面积大于 15 平方米，光线均匀、充足，避免阳光直射。北半球地区的评茶室应当背南朝北，装上宽敞的窗户，且不能安装有色玻璃。室内环境应使人体感觉舒适，最好是恒温（25℃）、恒湿（相对湿度为 75% 左右），噪声不超过 50 分贝。这些都是为了避免干扰，防止评茶时产生误差。如图 9.21 所示为浙江大学茶学系茶叶审评实验室。

2. 设备用具与摆放

评茶设备包括干评台、湿评台，图 9.21 中黑色的台面是干评台，白色的是湿评台。审评的杯碗是专用的，观察叶底时需要使用叶底盘，一般先用黑色 100 毫

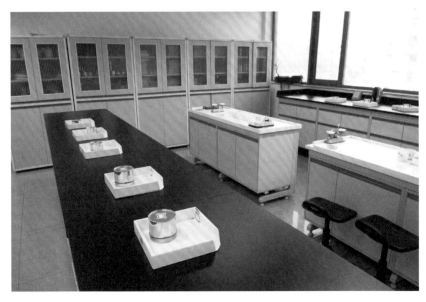

图9.21　浙江大学茶学系茶叶审评实验室

米 × 100毫米的盘子，再用搪瓷盘，加水让叶底在盘中漂浮，仔细鉴评（图9.22）。除了这些以外，还需要天平、计时器、烧水壶等。这些审评用具在国标中都有规定。

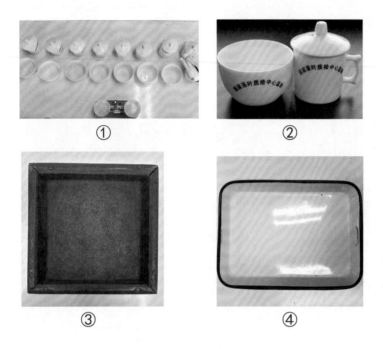

①　　　　　　　　②

③　　　　　　　　④

图9.22　湿评台及审评用具
①湿评台　②审评杯与审评碗　③黑色叶底盘　④搪瓷盘

二、茶叶质量鉴定方法

茶叶质量鉴定方法规定了如何审评、从哪几方面审评。茶叶审评审查茶叶的外观与内质，分为干茶审评与开汤审评，也就是所谓干评与湿评。首先看干茶外形，判断茶叶的形状、嫩度、颜色、整碎度。湿评即为开汤之后，评价香气、汤色、滋味、叶底四个指标。茶叶感官审评一般按照外形、香气、汤色、滋味、叶底的顺序进行。

1. 评外形

评外形这一步称为把盘，把盘又称为摇样盘，是审评干茶外形的首要步骤。在进行干茶审评前，应对茶叶的茶类、花色、名称、产地等信息进行查对，然后扦样。审评毛茶需250～500克，一般将茶叶放入样匾，运用手势做回旋转动，使茶叶呈现有序的分布，分出上、中、下三层。处于表面一层的上段茶一般比较粗长轻飘，中段茶细紧重实，下段茶多为细小的片末与碎茶。一般以中段茶多为好。另外，需要手抓一把干茶，嗅茶叶的干香以及手测含水量。

审评精茶需 200 ～ 250 克。将样茶倒入木质审评盘，双手拿住审评盘的对角边缘，用回旋方法分出上、中、下三层。看精茶外形的一般要求，对样评比上、中、下三档茶叶的拼配比例是否恰当。一般先看面装和下身，再看中段茶，看中段茶时，抓一把放入手里，查看其品质情况，判断其身骨轻重。

2. 评内质

湿评时，称 3 克茶叶，置入 150 毫升标准杯，加入沸水，2 ～ 5 分钟后滤出茶汤。内质审评分为四个部分：开汤、嗅香气、看汤色、尝滋味。开汤之后，应先嗅香气，再看汤色，尝滋味，最后评叶底，但在审评绿茶时，应该先看汤色。

嗅香气应当以热嗅、温嗅、冷嗅结合进行。通过冲泡，茶叶的内含芳香物质得到挥发，挥发性物质的气流刺激嗅觉神经，使人感受到不同的茶香。热嗅可以判断香气是否有杂异味、香气类型、香气高低；温嗅主要判断香气优次；冷嗅可判断香气是否持久。审评香气时应注意排除外界干扰，切勿擦香水、用香皂洗手、抽烟等，否则这些活动会干扰茶香的审评。不同的茶香气不一样，绿茶较清鲜，红茶较甜香，乌龙茶含有各种各样的花香，普洱茶是陈香，黄茶是甜香。

汤色易受光线强弱、茶碗规格、沉淀物、冲泡时间长短等多种因素的影响，因此看汤色需要及时，在热嗅之后马上进行，有人也将评汤色放在嗅香气之前。汤的类型没有好坏之分，但是汤的色度与明亮程度反映了茶的质量，一般好的茶，汤色较明亮。

评滋味是在温嗅之后进行的。从消费者角度来看，茶叶好不好喝是买茶叶时最重要的评价标准。审评滋味时，将 5 毫升茶汤放在嘴里面，使茶汤在嘴里面停顿一到两秒钟，因为舌头各部位对滋味的感觉是不一样的，所以不要直接喝下去，要体会一下，感受一下茶中的香。

评叶底主要依靠视觉与触觉，需要观察叶底的嫩度、均匀度和色泽，用手指感受叶底的软硬程度。鉴定时，要将形状、嫩度鉴定出来，将色泽描述出来。

三、茶叶质量审评

茶叶感官质量审评之后，应对结果进行判断。审评的结果，主要分为以下几个方面：

第一，定等级。定等级称为对样评茶，即茶的等级需要根据标准样来定。如图9.23、图9.24所示是大佛龙井与滇红的标准样：特级、一级、二级、三级、四级、五级。根据标准样比对外形，在开汤之后再加以比较，就可以给茶叶定级。如果一个茶样外形和内质都是处于一级与二级标准样之间，那么这个茶是二级茶。这是因为标准样是最低标准，也就是规定了一个等级的最低标准。在生产过程中需要严格控制质量，做成不同级别，不能随意做出来销售。在规范的企业中，茶叶的标准应该明晰，这也是茶叶审评中要做的质量判断相关内容。

第二，判断合格不合格。这也需要依据标准来判断，从八个方面进行判断，外观方面从形状、色泽、整碎度、净度进行判断，内质则是从汤色、香气、滋味、叶底这四个方面进行判断。以标准样为水平线，进行对照，茶样与标准线相比，

特级　　　　　　　　　　一级　　　　　　　　　　二级

三级　　　　　　　　　　四级　　　　　　　　　　五级

图9.23　大佛龙井标准样

特级　　　　　　　　　　一级　　　　　　　　　　二级

三级　　　　　　　　　　四级　　　　　　　　　　五级

图9.24　滇红标准样

有相当、稍高、较高、高、稍低、较低、低七个档次。

　　举个例子，需要判定 A 茶样品，B 茶作为其标准样（图9.25）。形状相当得 0 分，比它好一点得 +1 分，差一点得 -1 分。8 个因子都打分后，将分数相加所得的数值，绝对值在 3 分之内，这个茶就是合格的，由此判定 A 茶就是 B 茶。假如说加起来是 3 分，就判定 A 茶不是 B 茶，+3 分说明 A 茶比 B 茶好，-3 分说明 A 茶比 B 茶差。

茶样	形状	色泽	整碎度	净度	汤色	香气	滋味	叶底	判定结果
样品 1	0	+1	0	-1	+1	+1	0	-1	+1 合格
样品 2	-1	0	0	+1	0	-2	-1	0	-3 不合格
样品 3	+1	+1	-1	-3	+1	-1	+1	-1	-2 不合格

图9.25　对样评茶判定举例

第三，茶叶质量名次的排序。排序方法为计分排序，如名优绿茶按照以下公式计分：

名优绿茶样品得分 $= \sum (25A+25B+10C+30D+10E)/100$

每个因子前的权数是按照全国统一的标准，A，B，C，D，E 是各个因子，即为外形、香气、汤色、滋味和叶底的得分。得分来源于评茶员或者评茶师通过感官审评打的分。参与审评的每位评茶员或评茶师各自打分，去掉一个最高分，去掉一个最低分，得出平均分。也可以分组审评，将参加审评的人员分成 A，B 两组，将 A，B 两组的分进行比较，相差 3 分以上重评，3 分以内则取平均。还有一种方法是单一人评，其他人依次审评后对评分进行调整。加权计算得到综合得分，按分数高低进行名次排序。

第三节　茶叶选购与储藏

一、茶叶选购指导

该如何选购市场上的茶叶呢？依据什么指标来选择？茶叶正确的存放方式是怎样的？这是消费者在购买茶叶时经常碰到的问题。以下章节介绍如何合理选茶与存放茶叶。

选茶的时候应充分考虑以下三方面：茶叶质量、茶叶品鉴、茶叶储藏及保鲜。

在选茶时，首要考虑的是安全问题，即茶叶优质、安全。建议在购买茶叶时，认准一些标志。一是食品市场准入标志，即人们常说的 QS 标志。如果没有 QS 标志，表明该茶叶可能是"三无"产品。除了 QS 标志外，茶叶还有无公害认证、绿色食品认证、有机茶认证、原产地认证等标志（图 9.26）。特别是具有有机茶认证的茶叶，不施用任何的化肥和农药。茶叶的有机比例在食品中是最高的。

当前，我们国家茶叶质量问题主要存在以下几方面：

第一是感官质量问题，比如有些茶叶本来是二级茶，被当成一级或者特级去卖，或以假乱真，如将周边产区的茶叶冒充本地产茶叶进行售卖。

第二是少数茶产品的重金属超标问题。主要是铅超标，尤其是一些在公路边

图9.26　茶产品安全认证标志

上的茶园，因汽车尾气很容易导致茶产品铅超标。近几年国家茶叶质检中心对委托检验的 7200 余批次茶叶产品进行铅含量分析发现，铅含量的总体合格率为 97% 左右。

第三是少数茶叶农药残留超标。这个问题也正受到广泛关注。2005 年以来，国家农药质量检验项目不断增加，指标要求趋严，茶叶总体合格率不断提高，即从 2005 年的 80% 左右提高到了 2014 年的 90% 以上。

第四是添加非茶类物质现象时有发生。有些不法商贩把不是茶叶的东西加到茶叶里面，像着色剂、白糖、香精、糯米粉、小麦粉、"人参"等。部分地方的商检部门还在茶叶质量检查中发现了一些混有"固形茶"和"回笼茶"的出口茶叶。加了白糖后的茶叶，用手抓取之后，手上可能感到黏黏的，这是鉴别茶叶是否添加了白糖的一个简易方法。

第五是个别茶类稀土总量偏高。目前，国家茶叶稀土总量合格率为 90% 左右，其中乌龙茶产品合格率最低，为 87% 左右。稀土总量超标，是继农药残留、铅含量超标之后，茶叶质量与安全面临的又一个值得关注的问题。

总体来讲，我国茶叶产品质量的合格率近 20 年来是不断上升的。

二、茶叶储藏方法

我国制茶、饮茶和茶文化有几千年的历史，演变至今，已经有白茶、绿茶、黄茶、乌龙茶、红茶、黑茶六大类茶叶。茶叶通常都具有一定的储藏保质期，尤其是绿茶，由于其生产工艺的原因，如储藏及运输方法不当，其成分极易发生变化，导致茶叶变质。早在唐朝，人们便开始利用储藏工具隔绝空气中的水分。合理的储藏能稳定茶叶的品质，延长存放时间。如储藏不当，则茶叶陈化或变质时有发生。

茶叶中主要含有茶多酚、氨基酸、咖啡因、糖类等化学成分，在水分、温度、光照、氧气等条件下，茶叶中各种化学成分易发生氧化变质，其中水分和温度是茶叶变质的最主要影响因素。

1. 水分

茶叶储藏过程中水分含量变化主要是由于空气相对湿度较高引起的。干茶含水量一般为5%左右。就绿茶来说，在5℃时，在相对湿度81%的条件下储藏1年，茶叶色泽仍可达到商业销售标准；但当相对湿度大于88%时，茶叶无法较好地保持绿色。

2. 温度

温度对茶汤色泽和茶汤香气的影响比氧气及茶叶含水量的作用都明显。有研究发现，温度每升高10℃，干茶色泽的褐变速度也随之增加3～5倍。

3. 光照

光照对茶叶品质的影响在于催化其中脂类物质氧化，从而引起干茶色泽和茶汤滋味发生变化。

4. 氧气

在茶叶储藏过程中，氧气也是一个不利的因素。氧气可以引起茶多酚类、维生素类、不饱和脂肪酸类物质的氧化，导致茶叶的品质下降。

总结以上影响因素，在茶叶存放时，应注意密封、避光、防异味。通常的储藏方法主要有以下几种：专用冷藏库冷藏法，库内相对湿度控制在65%以下，温度以4～10℃为宜；真空和抽气充氮储藏法；除氧剂除氧保鲜法。家庭用储藏保鲜方法：冰箱冷藏法、石灰缸（坛）储藏法、硅胶储藏法、炭储法。

家庭中最常规、最简单、最有效的茶叶储存保鲜方法就是冰箱冷藏，但是要注意不要将茶叶放在冷冻层，而是要放在冷藏层，因为茶叶里面含有5%～6%的水分，0℃以下茶叶就会结冰，将茶叶从冰箱里拿出来以后，温度突然升高，细胞会破碎，进而破坏茶叶，反而不利于茶叶品质。

1.干茶形状主要分为哪几类？请列举5种常见的干茶形状。

2.影响茶叶滋味的物质主要有哪些？其中，主导苦涩味与甜味的主要是哪两种物质？

3.茶叶感官审评分为外形审评与内质审评，需要审评茶叶的哪五个方面？

4.如何给茶叶定级？品质处于一级与二级之间的茶叶，应评定为哪一个等级？

5.对样评茶时，如何判断A茶是否为B茶？

6.选购茶叶时，可以通过哪些标志来判断茶叶品质？

7.为什么茶叶不适宜储藏在冰箱冷冻层？

参考文献

[1] 施兆鹏 . 茶叶审评与检验 [M]. 4 版 . 北京: 中国农业出版社 , 2010.

[2] 郑国建，高海燕 . 我国茶叶产品质量安全现状分析 [J]. 食品安全质量检测学报，2015, 6 (7):2869-2872.

[3] 刘跃云，陈叙生，曾旭，等 . 茶叶贮藏技术研究进展 [J]. 安徽农业科学，2012, 40(14): 8227-8228, 8232.

[4] 陈文怀 . 茶树品种与茶叶品质 [J]. 中国茶叶, 1984(1): 26-29.

【在线微课】

9-1 茶叶形状与色泽鉴别

9-2 茶叶香气与滋味鉴别

9-3 审评基本知识

9-4 审评操作流程

9-5 茶叶贮存方法

第十章　茶的品饮与禁忌

不同性别、年龄、体质、生活环境及季节，有不同的饮茶选择。本章主要介绍如何根据不同茶叶的性质、不同人的体质和不同的时间来科学饮茶。

第一节　看茶饮茶

根据加工方式不同，茶叶可以分为六大类，从中医的角度这六大茶类可分为凉性、中性和温性。苦丁茶作为极凉性的代表，虽不是真正意义上的茶（苦丁茶属冬青科冬青属苦丁茶冬青种，严格意义上的茶应为山茶科山茶属茶种），但因其有一定数量的受众群体，也加入了此次比较。六大茶类具体性质划分如图 10.1 所示，读者朋友可以此来选择适合自己的茶类。

绿茶属不发酵茶，富含叶绿素、维生素 C，性凉而微寒。

白茶属微发酵茶，性凉（白茶温凉平缓），但"绿茶的陈茶是草，白茶的陈茶是宝"，陈放的白茶有去邪扶正的功效。

黄茶属部分发酵茶，性寒凉。

乌龙茶（青茶）属于半发酵茶，性平，不寒亦不热，属中性茶。

红茶属全发酵茶，性温。

黑茶属于后发酵茶，茶性温和，滋味醇厚回甘，刺激性不强。

图 10.2 比图 10.1 分类更具体，其中有两点值得注意：一是普洱生茶因按绿茶的加工工艺制成，所以其性凉；二是乌龙茶发酵程度不同，其性质也不同，轻发酵的乌龙茶为凉性，中发酵的为中性，重发酵的是温性，这是因为其发酵程度不同，

图10.1　不同茶类性质

图10.2　不同茶类细分性质

茶叶内含物质转化率不同，习性也就有了差异。

第二节　看人饮茶

如果一个人内火很旺，饮红茶无异于火上浇油，使内火更旺；如果一个人体性偏凉，饮绿茶就会雪上加霜。举些通俗的例子：有的人饮菊花茶会导致喉咙不适，因菊花茶性寒对喉咙不利；有的人饮绿茶会导致腹泻，因绿茶品性较凉；有的人饮茶会导致血压上升，因他们对咖啡因过敏；有的人饮茶会导致便秘；还有的人饮茶会导致茶醉。人的体质各不相同，因此要根据自身的体质选择适宜的茶叶饮用，否则可能会导致身体不适。

那么，何谓体质？体质是我们生命过程中，由先天遗传和后天获得所形成的形态结构、功能活动和与心理性格有关的相对稳定的特性。2009 年 4 月 9 日，中华中医药学会发布的《中医体质分类与判定》，将人的体质分为 9 类。这 9 类体质及其相应的特征如表 10.1 所示。

表10.1　中医体质分类及其特征表现

体质类型	体质特征和常见表现	推荐茶类
平和质	面色红润、精力充沛、身体健康	所有茶类
气虚质	容易疲惫、经常感冒	中发酵乌龙茶及普洱熟茶
阳虚质	阳气不足、畏寒、如厕频率高、大便不成形	红茶、黑茶、重发酵乌龙茶
阴虚质	内火旺、耐冬寒、不耐暑热、手脚心发热出汗、眼睛干涩、口燥咽干、易便秘	绿茶、黄茶、白茶、苦丁茶、轻发酵乌龙茶
血瘀质	面色偏暗、牙龈易出血、身体被触碰会出现瘀斑、眼睛充斥红丝	所有茶类的浓茶
痰湿质	体形肥胖、腹部肥满松软、易出汗、面部出油、舌苔厚、嗓子常有痰	所有茶类的浓茶并加橘皮
湿热质	满面油光、易生粉刺、嘴里有苦味、易口臭	绿茶、黄茶、白茶、苦丁茶、轻发酵乌龙茶

续　表

体质类型	体质特征和常见表现	推荐茶类
气郁质	多愁善感、感情脆弱、体型偏瘦	浓度低、咖啡因含量低的淡茶
特禀质	鼻塞、打喷嚏、易患哮喘、过敏性体质	咖啡因含量低、茶氨酸含量高的淡茶

第一类是平和质，属正常的体质，该体质人群通常面色红润，精力充沛，身体十分健康。因此各类茶都可以饮用，且通常不会感到有何不适。

第二类是气虚质，该体质人群容易疲惫，且经常感冒。因此，不宜饮凉性且咖啡因含量高的茶，一般要饮发酵中度以上的乌龙茶及普洱熟茶。

第三类是阳虚质，通常说该体质人群阳虚并不是贬低，而是该人群的阳气不足、畏寒，尤其在冬天的时候手脚冰凉，若不通过泡脚去寒就会影响其睡眠质量，且次日醒来时手脚依旧冰凉。该人群还有一个明显的特征就是每日如厕频率较高，且大便不成形。该人群不宜饮绿茶（尤其是蒸青绿茶）、黄茶、苦丁茶，而应该多饮红茶、黑茶和重发酵的乌龙茶（如武夷岩茶）。

第四类是阴虚质，和第三类的体质恰恰相反，该体质人群内火旺，耐冬寒，不耐暑热，手脚心发热出汗，眼睛干涩，口燥咽干、易便秘。该人群适宜饮绿茶、黄茶、白茶、苦丁茶、轻发酵的乌龙茶，且在饮茶时可以加入适量枸杞、菊花或决明子，而红茶、黑茶和重发酵的乌龙茶是不适合该体质人群饮用的。

第五类是血瘀质，该体质人群通常面色偏暗，牙龈易出血，用一定的力量触碰该人群的身体，碰撞处就会出现瘀斑，该瘀斑长时间无法消退，通常该人群的眼睛里还会充斥红丝。血瘀质的人各类茶皆可饮用，茶汤可适当浓厚些，也可加入适量山楂、红糖或玫瑰花，另外也可服用深加工得到的茶多酚片。

第六类是痰湿质，该体质人群通常体形肥胖、腹部肥满松软，容易出汗，面部出油，舌苔非常厚，嗓子常有痰，说话时需要经常清嗓子。痰湿质的人，各类茶皆可饮用。建议尽量多饮茶，且茶汤要浓厚，可在茶汤中适当加入橘皮。

第七类是湿热质，该体质人群通常满面油光，脸部犹如涂了一层油。该人群年轻的时候容易生粉刺；皮肤一挠就痒；常常感到嘴里有苦味；容易口臭，通常入睡时间晚者口臭尤其严重，旁人能轻易感受。湿热质的人，建议多饮绿茶、黄茶、白茶、苦丁茶、轻发酵的乌龙茶，饮用时可以搭配枸杞、菊花、决明子，而红茶、黑茶、重发酵的乌龙茶应少饮用。此外，深加工产品茶爽也比较适合该人群，因茶爽可以清新口气。

第八类是气郁质，该体质人群一般多愁善感、感情脆弱、体型偏瘦。《红楼梦》里著名的"林妹妹"就是该种体质。咖啡因含量较低、滋味相对较淡的茶如安吉白茶就比较适合这种体质人群。此外，该体质人群还适合饮用诸如玫瑰花茶、金银花茶、山楂茶、葛根茶、佛手茶等含有芳香成分的茶类，总的来说浓度较低的淡茶都是适宜该体质人群的。

第九类是特禀质，即有特异性体质、过敏性体质的人群。该人群常鼻塞、打喷嚏、易患哮喘，且大多数人对药物、食物、花粉、气味或季节变换过敏；更有甚者对茶叶中的咖啡因过敏，导致其一饮茶就会呕吐。特禀质的人，不饮茶也罢，如果一定要饮，茶汤就要清淡一些，就和痛风患者、神经衰弱的人一样，在饮茶的时候将第一泡甚至第二泡的茶汤倒掉，饮第三泡的茶汤。此外，如安吉白茶这类咖啡因含量较低、茶氨酸含量较高的茶对于该体质人群来说也是适宜的。

实际上，并不是每个人都只属于一种体质类型，有些人的生理特征显示他可能同时属于两种及两种以上的体质类型，更有甚者，9种体质类型的特征同时存在于一个人体内。

体质与饮茶的关系有一个总的原则，即热性体质的人应多饮凉性茶，寒性体质的人应多饮温性茶。

要判断某种类型的茶叶是否适合你饮用，应该先判定一下自己的体质类型，再选择适合自己的茶。如果你不清楚自己是何种类型的体质，同时也没有时间去测定，那还可以通过一些常见的情况来判断你适合饮用何种类型的茶：若饮用绿茶后，胃部出现不适，需要上厕所，那就表明你的体质是凉性的，应该饮用温性茶；若饮用完某种茶，出现头晕、失眠或者"茶醉"的情况，那就表明你不适合饮用浓茶；若长期饮用某种茶后体质增强，精气神好，那么此茶便适合你长期饮用。总的来说，要根据自己的实际感受去选择适合饮用的茶类型，毕竟身体是最诚实的。

不过，每个人的身体状况并不是始终如一，而是时刻变化的，我们的目标是让体质往好的方向转变，因此我们应该时刻关注自身体质的变化并及时作出相应的调整。

无论何种茶类型，无论何种体质，尝试一下都是没关系的。通过尝试来留心并确定适合自己的茶类型还是有必要的。

同时，饮茶习惯因人而异。初始饮茶者及平时不常饮茶的人，适宜饮用偏淡、鲜爽味偏高、氨基酸含量偏高的茶，如安吉白茶；多数资深茶客因长期饮茶而偏向饮用浓茶；也有茶客有调饮习惯，会在茶汤中加牛奶、柠檬、茉莉花或者玫瑰花；长期保持饮茶习惯，会让有的饮茶人产生对某种茶的钟爱，他们往往只喝一种茶。长期如此，他们的体质也会往相应的方向转变。因此，培养一种饮茶习惯，最理想的情况就是所习惯饮用的茶能把饮用者的体质往健康的方向转变，而不是将饮用者的体质推向不健康的"深渊"中。

此外，职业不同、工作环境不同，适宜饮用的茶叶也不同。不同职业的人员适宜饮用的茶如表 10.2 所示。

表10.2　不同人群适饮茶类

不同人群	最适宜茶类	功效
电脑工作者	绿茶	抗辐射
驾驶员、运动员、广播员、演员、歌手	绿茶	保持头脑清醒，精力充沛，提高判断力和反应力
运动量小、易于肥胖者	绿茶、普洱生茶、乌龙茶	去油腻、降血脂、解肉毒
经常接触有毒物质者	绿茶、普洱茶	解毒
从事与辐射有关的工作者	绿茶	抗辐射
主动和被动吸烟者	各茶类	解烟毒

茶多酚是茶叶中具有保健功效的主要成分，且对身体有益无害，因此深加工产品茶多酚片适宜所有职业人群服用。总而言之，饮茶是个好习惯。不过，体质和饮茶这两者之间的关系还有很多的学问，有待将来进一步的研究。

第三节　看时饮茶

看时饮茶即时间不同，适宜饮用的茶叶也不同。这个不同的时间可以是一年中的不同时间，也可以是一天中的不同时间。

饮茶首先要根据季节变换来调整，因为人的体质可能会随着季节变换而变化：冬天为某种体质，夏天变为另一种体质。为了良好地调理不同季节的身体，茶界有"春饮花茶理郁气，夏饮绿茶驱暑湿，秋品乌龙解燥热，冬日红茶暖脾胃"的饮茶养生名言。

饮茶也可根据一天中不同的时间来调整。清晨空腹宜饮淡茶，能够稀释血液、降低血压、清头润肺；早餐后宜饮绿茶，提神醒脑、抗辐射，准备迎接新一天的工作；午餐饱腹后宜饮乌龙茶，可消食去腻、清新口气、提神醒脑，以便继续投入到工作中；下午宜饮红茶，可调理脾胃；晚餐后宜饮黑茶，消食去腻、舒缓神经，为进入睡眠做准备。这种饮茶方式比较讲究，不过既有时间也有兴趣的饮茶人不妨一试。

第四节　饮茶贴士

（一）忌空腹饮浓茶

空腹饮茶会冲淡胃酸，抑制胃液分泌，影响消化，严重的会导致头晕、眼花、心烦、心悸、胃部不适等"茶醉"现象，并影响机体对蛋白质的吸收，还会引发胃炎。

（二）忌睡前饮茶

睡前饮茶会兴奋神经，影响睡眠质量，严重的则会失眠。因此，睡前忌饮茶，尤其是咖啡因含量高的茶。

（三）忌饮隔夜茶

隔夜茶，有益成分分解损失是次要的，主要还是因为茶汤中有害微生物的滋生。

这些微生物有的来自茶汤所暴露的空气，有的来自茶汤自身，还有的来自我们泡茶所用的茶杯，因为我们饮茶时会将大量口腔微生物转移至茶杯中。而后，微生物通过分解茶汤中的茶氨酸、茶多糖等成分来为其生长繁殖提供所需的能量。

不过，有一种隔夜茶是可以饮用的，那就是将刚泡好的茶汤滤去茶叶后封口放入冰箱冷藏过夜，这样能较好地控制微生物的滋生，这在夏天时对于想饮凉茶的人群来说是个不错的选择。

（四）糖尿病患者宜多饮茶

饮茶可降低血糖，有止渴、强身健体的功效。患者一般宜饮绿茶，且要增大饮茶量，一日内应数次泡饮。

（五）慎用茶汤服药

（1）茶叶中的鞣质、茶碱可以和某些药物发生反应。

（2）茶多酚易与金属制剂发生反应而产生沉淀，因此在服用金属制剂的药品时不宜用茶汤送服。

（3）部分中草药如麻黄、钩藤、黄连等不宜与茶汤混饮，且服药 1～2 小时内不宜饮茶。

（4）可用茶汤送服某些维生素类药物，如茶多酚可促进维生素 C 在人体内积累和吸收。

思考题

1.茶叶的性质与发酵程度有何关系？
2.如何通过一些明显的生理反应判断自己的体质类型？
3.在为他人推荐适饮茶类时，应从哪些方面考虑？
4.如何在繁忙的学习、工作中培养良好的饮茶习惯？

参考文献

[1] 蒋天智，唐文华，文正康. 饮茶与人体健康 [J]. 凯里学院学报，2006, 24(3): 23-24.

[2] 吴春兰. 综述饮茶与健康的关系 [J]. 广东茶业，2011(6): 11-14.

[3] 王春华 . 四季饮茶与健康 [J]. 福建茶叶 , 2010, 32(Z1): 73-74.

[4] 杨涌 . 浅谈健康饮茶三法 [J]. 河北旅游职业学院学报 , 2012, 17(1): 48-51.

【 在线微课 】

10-1　看茶喝茶

10-2　看人饮茶
（上）

10-3　看人饮茶
（下）

10-4　看时饮茶

图书在版编目（CIP）数据

茶文化与茶健康：品茗通识 / 王岳飞，周继红，徐平
主编 . — 杭州：浙江大学出版社，2021.1（2021.8重印）
ISBN 978-7-308-20376-0

Ⅰ . ①茶… Ⅱ . ①王… ②周… ③徐… Ⅲ . ①茶文化
②茶叶-关系-健康 Ⅳ . ①TS971.21

中国版本图书馆CIP数据核字（2020）第127593号

茶文化与茶健康——品茗通识

王岳飞 周继红 徐 平 主编

策划编辑	黄娟琴	
责任编辑	阮海潮（1020497465@qq.com）	
责任校对	赵 珏	
封面设计	杭州林智广告有限公司	
出版发行	浙江大学出版社	
	（杭州市天目山路148号 邮政编码 310007）	
	（网址：http://www.zjupress.com）	
排 版	杭州林智广告有限公司	
印 刷	浙江省邮电印刷股份有限公司	
开 本	787mm×1092mm 1/16	
印 张	17.75	
字 数	294千	
版 印 次	2021年1月第1版 2021年8月第2次印刷	
书 号	ISBN 978-7-308-20376-0	
定 价	78.00元	

版权所有 翻印必究 印装差错 负责调换

浙江大学出版社市场运营中心联系方式：0571-88925591；http://zjdxcbs.tmall.com

ZHEJIANG UNIVERSITY PRESS
浙江大学出版社

互联网+教育+出版

立方书

教育信息化趋势下，课堂教学的创新催生教材的创新，互联网+教育的融合创新，教材呈现全新的表现形式——教材即课堂。

轻松备课　　分享资源　　发送通知　　作业评测　　互动讨论

"一本书"带走"一个课堂"　教学改革从"扫一扫"开始

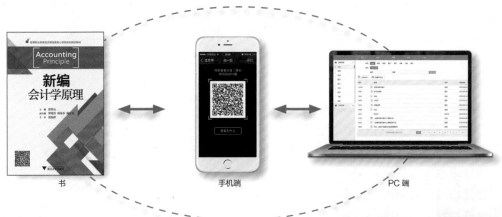

书　　　　　　　　　　　　手机端　　　　　　　　　PC端

打造中国大学课堂新模式

【创新的教学体验】

开课教师可免费申请"立方书"开课，利用本书配套的资源及自己上传的资源进行教学。

【方便的班级管理】

教师可以轻松创建、管理自己的课堂，后台控制简便，可视化操作，一体化管理。

【完善的教学功能】

课程模块、资源内容随心排列，备课、开课，管理学生、发送通知、分享资源、布置和批改作业、组织讨论答疑、开展教学互动。

扫一扫 下载APP

教师开课流程

➡ 在APP内扫描封面二维码，申请资源

➡ 开通教师权限，登录网站

➡ 创建课堂，生成课堂二维码

➡ 学生扫码加入课堂，轻松上课

网站地址：www.lifangshu.com
技术支持：lifangshu2015@126.com；电话：0571-88273329